食用菌生产技术

宋长军　主编

江西科学技术出版社

图书在版编目（CIP）数据

食用菌生产技术 / 宋长军主编. -- 南昌：江西科学技术出版社, 2024.6

职业院校教材

ISBN 978-7-5390-9053-5

Ⅰ.①食… Ⅱ.①宋… Ⅲ.①食用菌－蔬菜园艺－职业教育－教材 Ⅳ.①S646

中国国家版本馆 CIP 数据核字(2024)第 103552 号

国际互联网（Internet）地址：
http://www.jxkjcbs.com
选题序号：ZK2024023

食用菌生产技术
SHIYONGJUN SHENGCHAN JISHU

宋长军　主编

出版发行	江西科学技术出版社
社址	南昌市蓼洲街 2 号附 1 号
	邮编：330009　电话：（0791）86624275　86610326（传真）
印刷	济南文达印务有限公司
经销	各地新华书店
开本	710mm×1000mm　1/16
字数	244 千字
印张	16.5
版次	2025 年 5 月第 1 版
印次	2025 年 5 月第 1 次印刷
书号	ISBN 978-7-5390-9053-5
定价	58.00 元

赣版权登字-03-2024-89

版权所有，侵权必究

（如发现图书质量问题，可联系调换。）

《食用菌生产技术》
编委会

主　编：

　　宋长军　龙江县职业教育中心学校

副主编：

　　张宪梅　龙江县职业教育中心学校

　　卢艳芳　龙江县职业教育中心学校

　　贾红宇　龙江县职业教育中心学校

　　孙业通　龙江县职业教育中心学校

　　陈　伟　龙江县职业教育中心学校

　　陈　虎　大连富森智能科技有限公司

　　李秀娥　龙江绿铭农业发展有限公司

　　宋洪波　龙江县森旸生物科技有限公司

编委会

主 编：

副主编：

前 言

食用菌,作为当代社会一项重要的食品资源,其营养丰富、口感鲜美的特性在全球范围内受到广泛关注,掌握先进而可行的食用菌生产技术显得尤为重要。我国不仅是食用菌生产大国,更是出口大国,这得益于我国广大食用菌科技人员和菇农多年来在各个领域的不懈努力,包括大型真菌资源调查、野生菌驯化、遗传育种、生理生化、栽培技术、病虫害防治等方面的深入工作。

《食用菌生产技术》一书旨在系统介绍各类食用菌的特性及适宜的生长条件,结合最新研究成果深入解析菌丝体生长、子实体形成、采摘及贮藏等关键生产技术。书中注重教学与实践的紧密结合,通过校企"双元"合作开发"理实一体"教材,以企业"真实工程项目"为素材进行项目设计及视频展示,融合产教、书证、课证,实现理论与实践的紧密衔接。帮助读者在掌握理论知识的同时积累实际操作经验,为今后应对食用菌行业的挑战做好更充分的准备。此外教材形式的创新为本书增添了鲜明亮点,将教材、课堂、教学资源和 LEEPEE 教学法相结合,通过线上线下融合及活页教材的形式呈现,并提供丰富的数字资源,如视频和音频,为学生提供全面而灵活的学习体验。

本书不仅适用于食用菌专业的学生和研究人员,同时也为从业者提供了更新、全面的生产技术知识。为从业者提供一份宝贵的参考资料,助力他们更好地理解行业动态,提升生产效率,迎接市场的各种挑战。

本书由宋长军、张宪梅、卢艳芳、贾红宇、孙业通、陈伟、陈虎、李秀娥、宋洪波共同编写。宋长军(龙江县职业教育中心学校)担任本书主编,负责项目一至项目七的编写,合计 10 万字以上;张宪梅(龙江县职业教育中心学校)担任副主编,负责项目八至项目十的编写,合计 4 万字以上;卢艳芳(龙江县职业教育中心学校)担任副主编,负责项目十一至项目十五的编写,合计 4 万字以上;贾红宇(龙江县职业教育中心学校)担任副主编,负责项目十六至项目十八的的编写,合计 4 万字以上;孙业通(龙江县职业教育中心学校）担任副主编，负责本书各项目的实训指导；陈伟（龙江县职业教育中心学校）担任副主编，负责本书的校对工作；陈虎（大连富森智能科技有限公司）担任副主编，负责本书的技术指导；李秀娥（龙江绿铭农业发展有限公司）担任副主编，负责本书的实践指导；宋洪波（龙江县森旸生物科技有限公司）担任副主编，负责本书中特定仪器、设备使用方法和技巧的方法指导。

在编写本书的过程中，秉承着严谨的科学态度，力求将最新的研究成果和实际操作经验相结合，使本书既具有理论深度，又有实用性。希望《食用菌生产技术》能够成为学术研究、教学培训和实际生产的有益参考。

最后，衷心感谢所有为本书的编写和出版做出贡献的专家学者、实践者的辛勤努力。由于作者水平有限等原因，书中难免存在不足之处，诚挚地邀请广大读者提出宝贵的意见和建议。

食用菌生产技术教材目录见如下视频资源。

目 录

项目一　食用菌栽培基础 1
　　任务一　食用菌的形态结构 1
　　任务二　食用菌的分类 9
　　任务三　食用菌的生理生态 13
项目二　食用菌制种技术 24
　　任务一　食用菌菌种概述 24
　　任务二　菌种制作的设施、设备 26
　　任务三　固体菌种制作 32
　　任务四　液体菌种制作 39
　　任务五　菌种生产中的注意事项和常见问题 46
项目三　黑木耳生产技术 55
　　任务一　黑木耳生产基础 55
　　任务二　黑木耳生产技术 59
项目四　香菇生产技术 64
　　任务一　香菇生产基础 64
　　任务二　香菇生产技术 68
项目五　平菇生产技术 77
　　任务一　平菇生产基础 77
　　任务二　平菇生产技术 82
项目六　猴头菇生产技术 92
　　任务一　猴头菇生产基础 92
　　任务二　猴头菇生产技术 96
项目七　滑菇生产技术 102
　　任务一　滑菇生产基础 102
　　任务二　滑菇生产技术 105

项目八　金针菇生产技术 110
　　任务一　金针菇生产基础 110
　　任务二　金针菇生产技术 115
项目九　杏鲍菇生产技术 121
　　任务一　杏鲍菇生产基础 121
　　任务二　杏鲍菇生产技术 125
项目十　双孢蘑菇生产技术 131
　　任务一　双孢蘑菇生产基础 131
　　任务二　双孢蘑菇生产技术 136
项目十一　大球盖菇生产技术 153
　　任务一　大球盖菇生产基础 153
　　任务二　大球盖菇生产技术 157
项目十二　草菇生产技术 162
　　任务一　草菇生产基础 162
　　任务二　草菇生产技术 166
项目十三　姬松茸生产技术 172
　　任务一　姬松茸生产基础 172
　　任务二　姬松茸生产技术 176
项目十四　羊肚菌生产技术 183
　　任务一　羊肚菌生产基础 183
　　任务二　羊肚菌生产技术 186
项目十五　灵芝生产技术 191
　　任务一　灵芝生产基础 191
　　任务二　灵芝生产技术 195
项目十六　蛹虫草生产技术 204
　　任务一　蛹虫草生产基础 204
　　任务二　蛹虫草生产技术 208
项目十七　桑黄生产技术 216
　　任务一　桑黄生产基础 216

任务二　桑黄生产技术......221

项目十八　食用菌病虫害防治......229
　　任务一　食用菌病害及其防治......229
　　任务二　食用菌害虫及其防治......233
　　任务三　食用菌病虫害综合防治......248

项目一　食用菌栽培基础

任务一　食用菌的形态结构

【知识目标】
明确食用菌的形态结构。
【技能目标】
能够绘出食用菌的基本结构图。

食用菌由菌丝体和子实体组成，前者生长在基质内部，后者生长在表面。担子菌亚门的伞菌目种类最多，资源丰富。以下介绍伞菌的形态结构。

一、菌丝体的形态结构

菌丝体是由众多细管状菌丝构成的网状或丝状体，为食用菌的营养器官。显微镜下，菌丝无色透明，管状，有横隔，依靠尖端细胞分裂与分支延伸。菌丝由孢子萌发而来，依据发育与生理功能，可分为三类。

1.初生菌丝

担孢子直接萌发成单核菌丝，初期无隔，后产生隔膜分为单核细胞。初生菌丝细，生长慢，不能形成子实体，存续时间短，依赖孢子中营养。初生菌丝间迅速交接，形成次生菌丝。

2.次生菌丝

二级菌丝，由性别不同的两个初生菌丝结合形成，含两个核，又称双核菌丝。较初生菌丝粗壮，吸收能力强，生长快，呈绒毛状，为结实性菌丝体。

双核菌丝是食用菌主要存在方式。人工播种的菌种及培养料中的菌丝，主要由次生菌丝组成。在适宜环境下，次生菌丝可发育成子实体。

食用菌双核菌丝顶端细胞常见锁状联合，这是担子菌特有的分裂方式，使一个双核细胞分裂为两个双核细胞。

锁状联合是一种在双核菌丝顶端细胞中发生的特殊现象。它的产生过程包括细胞壁上的喙状小突起形成，形成锁状联合的同时，核发生变化，导致有丝分裂形成4个子核。这些子核分布在细胞的不同部位，通过隔膜的形成，最终形成两个双核细胞。整个过程在显微镜下呈现如同锁一般的形状，因此得名锁状联合。（图1-1）

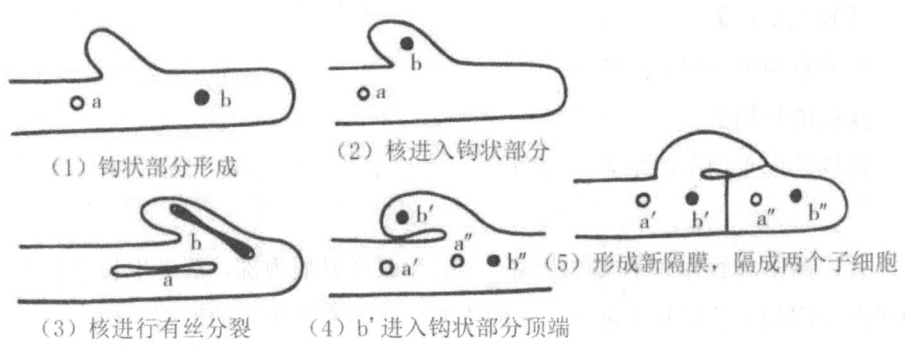

图1-1 锁状联合形成过程

但并不意味着所有的担子菌都有锁状联合，香菇、木耳、银耳、灵芝等菌类的次生菌丝有锁状联合，双孢蘑菇、草菇、红菇、蜜环菌等菌类则没有锁状联合。在真菌分类上有无锁状联合是担子菌亚门各科属分类的重要依据之一。

3.三生菌丝

又称分化菌丝，是由次生菌丝发育而成的已组织化的结构，主要用于输送养料和支撑生长，失去了吸收营养的能力。其中，结实性双核菌丝是一种特殊类型，具有一定排列和结构，形成菇、耳子等实体。此外，食用菌采收后，菌柄基部的须状物也属于三生菌丝。

二、菌丝体的特殊结构

食用菌的菌丝在漫长的进化过程中,逐渐适应了各种生长环境,从而形成了一些特殊的生长结构,这些结构被称为"变态组织"。

1. 菌丝束

菌丝束是由大量菌丝平行排列形成的白色、粗略有分枝的束状物。在人工制作菌种时,一些栽培种中常见到这种形状的菌丝束,例如双孢蘑菇的子实体基部常带有白色的粗丝状物,即菌丝束。与菌索相似,但不具有甲壳状外层,主要用于输送营养。

2. 菌索

菌索是由食用菌的菌丝体缩合交织在一起形成的绳索状组织,外表皮由密集的菌丝分化形成,呈深色且角质化,具有强大的抵抗能力。菌索顶端分化为生长点,能够延伸数厘米到几米。在适宜的环境条件下,菌索可以发育成子实体。除此之外,菌索还具有输送养分的重要作用,例如,药用天麻的发育过程依赖于蜜环菌菌索输送养分。

3. 菌核

有些真菌形成的球状、块状或颗粒状组织,皆由菌丝组成,如茯苓、猪苓等。风干后质地坚硬,为真菌休眠或储养分组织。如平菇、耳类可形成菌核渡过不良环境。适宜条件时可萌发菌丝,再生能力强,可用作菌种分离或菌种。

4. 子座

褥座状结构,由拟薄壁组织和疏丝组织构成,是真菌从营养到生殖的过渡形式。形态多样,食用菌子座多为棒状或头状。如冬虫夏草,其"草"实为子座,棍棒状,前半部密生子囊壳,为产孢子器官。

三、子实体的形态结构

子实体是食用菌的特殊结构,是繁殖器官,由已分化的菌丝体构成。它通常生长在基质表面,同时也是食用菌的可食用部分。不同类型的食用菌具有多样的子实体形态,如担子菌类呈伞状(图1-2),包括菌盖、菌褶、菌柄等；子囊菌类没有菌褶和菌管，孢子在子囊内产生；齿菌类子实体的菌盖和菌柄可有可无，子实层生长在软齿表面；腹菌类的子实层包在包被里，成熟后包被破裂，孢子呈粉末状散发；胶质类子实体呈耳状或脑状，湿润时膨胀，干燥后收缩，孢子从子实层表面散射。下面以伞菌类子实体为例介绍其基本特征。

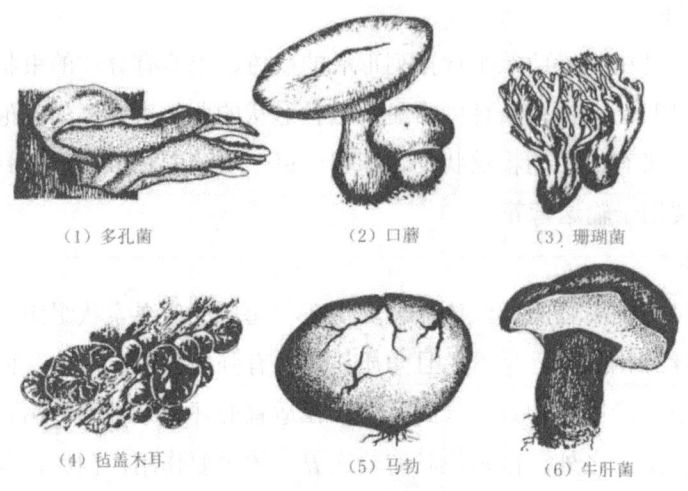

(1) 多孔菌　　(2) 口蘑　　(3) 珊瑚菌
(4) 毡盖木耳　　(5) 马勃　　(6) 牛肝菌

图1-2　食用菌子实体的形态

伞菌类子实体的外部形态大致包括菌盖和菌柄两个主要部分，典型的子实体外部形态是由菌盖、菌褶或菌管、菌柄、菌环和菌托五部分组成（图1-3）。

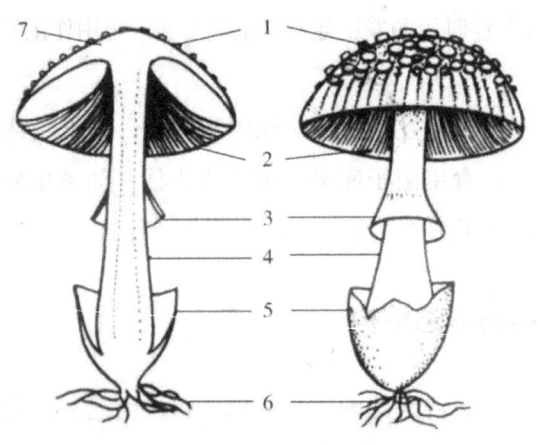

图1-3　伞菌模式图

1—菌盖　2—菌褶　3—菌环　4—菌柄　5—菌托　6—菌索　7—菌肉

1.菌盖

菌盖是伞菌子实体的帽状部分,由表皮、菌肉及产孢组织组成,为主要繁殖结构及食用部分。

(1)菌盖的形状。通常呈伞状。然而,不同种类的食用菌在成熟时期具有各自明显区别的菌盖形状。这些形状包括圆形、半圆形、圆锥形、钟形、半球形、斗笠形、扁形、喇叭形、圆筒形、马鞍形等多种类型。(图1-4)。

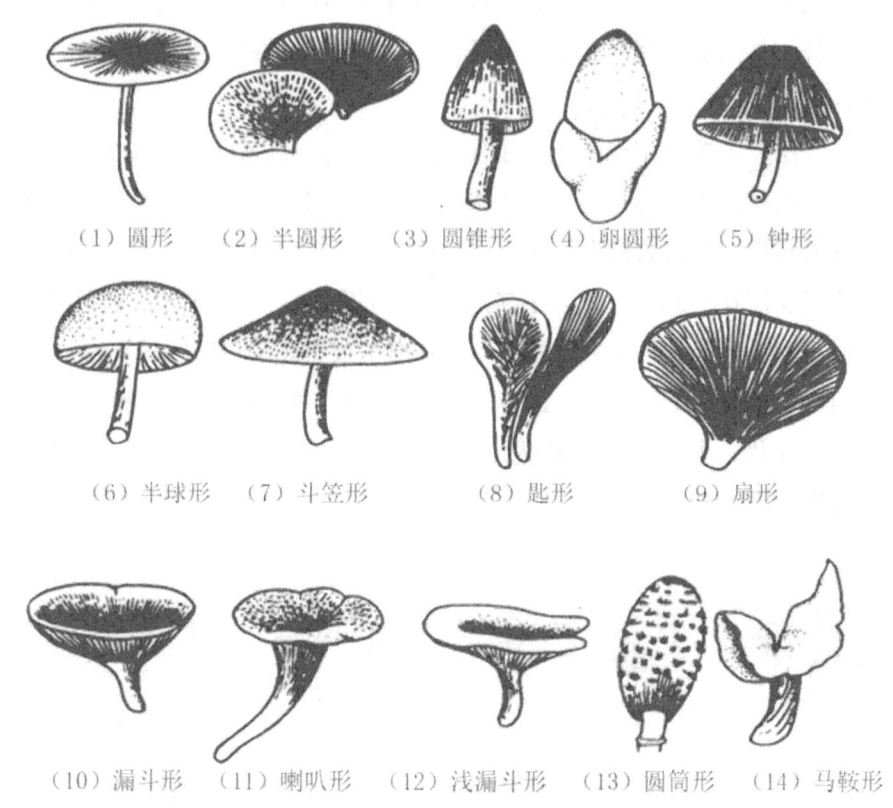

图 1-4 菌盖的形状

(2)菌盖的颜色。食用菌种属的重要特征,由于菌盖皮层含有不同的色素而呈现多样的颜色。常见的菌盖颜色有白、黄、褐、灰、红等,如蘑菇为乳白色,草菇为鼠灰色,香菇为褐色,灵芝为紫红色,平菇为灰白色。一些毒蘑菇具有艳丽的颜色。有些菌类呈混杂的颜色,甚至在生长过程中或环境条件变化下发生颜色改变。例如,金针菇在人工栽培中,由于不同光源的影响，菌盖颜色可以变化，提高了商品价值。平菇的一些品种在发育初期菌盖颜色可能为蓝灰色，随着生长逐渐转变为灰白色甚至白色。同一种菌类由于品种差异也可能呈现不同的菌盖颜色。

（3）菌盖的表面特征。菌盖表面多数光滑，部分干燥或湿润黏滑，有皱纹、条纹、龟裂等，还有粗糙具纤毛或鳞片等。这是食用菌分类依据之一。

（4）菌盖的组成。菌盖包括表皮、菌肉和子实层体（又称产孢组织，如菌褶或菌管）。表皮为角质层，菌肉是菌盖主体，食用价值大。食用菌菌肉性质多样，如肉质、蜡质、胶质或革质。菌肉通常白色，受伤后可变色，是分类依据。

子实层体是菌盖下面着生的子实层组织结构，包括子实层和支持它的髓部。这一结构在不同食用菌中呈现多样性，具有不同的形状。刀片状的子实层被称为菌褶，管状的称为菌管。少数种类的子实层则着生在子实体的表面，如猴头子实层在肉刺上，木耳子实层在耳片的腹面，银耳子实层在耳片的上下表面，喇叭菌子实层在菌盖外侧，羊肚菌子实层在菌盖凹穴的表面。

菌褶是食用菌子实层体，菌盖下折扇状部分，辐射排列。菌褶边缘特征：锯齿状、波状、平滑、粗糙颗粒状。菌褶与菌柄着生关系：直生、弯生、离生、延生（图1-5）。

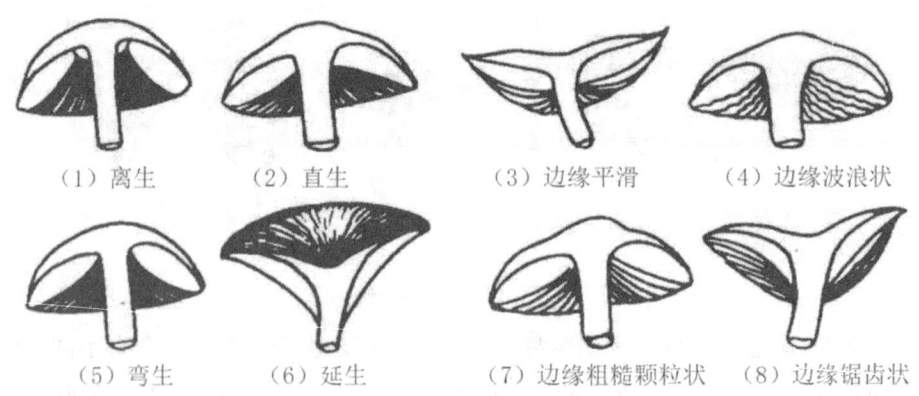

(1) 离生　　(2) 直生　　(3) 边缘平滑　　(4) 边缘波浪状

(5) 弯生　　(6) 延生　　(7) 边缘粗糙颗粒状　　(8) 边缘锯齿状

图1-5　菌褶与菌柄着生情况及菌褶边缘特征

菌管是一种特殊的菌褶，它源于菌褶的变态过程。其外观呈现蜂窝状，密集竖状排列在菌盖下。菌管多见于牛肝菌科和多孔菌科。在菌管的子实层中，孢子沿着菌管孔内壁整齐排列，呈现出多样的颜色。菌管的形状也具有多样性，可以是圆形、多角形、复管形等。

2.菌柄

菌柄是菌盖的支撑部分，由菌丝发育而成，负责输送养料。它与菌盖同质或异质，形态多样，如圆柱形（金针菇）、棒形（牛肝菌）、假根状（鸡枞菌）等。菌柄的分类可根据有无、长短、形状等特点。其表面可呈现网纹、茸毛、颗粒等特征。（图1-6）。

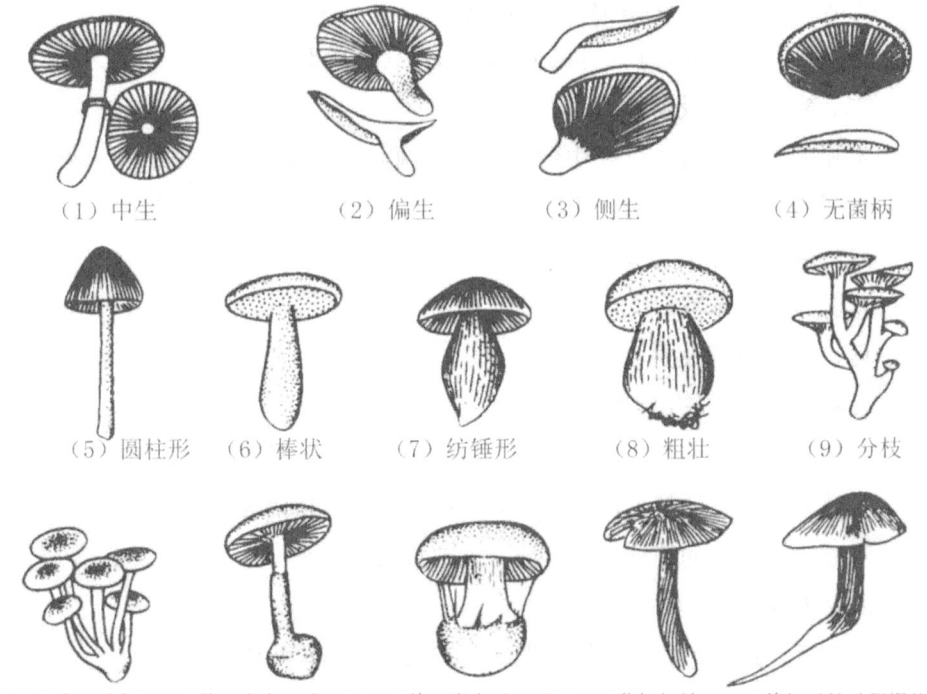

(1) 中生　　　(2) 偏生　　　(3) 侧生　　　(4) 无菌柄

(5) 圆柱形　　(6) 棒状　　　(7) 纺锤形　　(8) 粗壮　　(9) 分枝

(10) 基部联合 (11) 基部膨大呈球形 (12) 基部膨大呈臼形 (13) 菌柄扭转 (14) 基部延长呈假根状

图1-6　菌柄特征

菌柄着生位置可分为中生（蘑菇、草菇）、偏生（香菇）、侧生（平菇、灵芝）；菌丝疏松程度分为实心（香菇）、空心（鬼伞）、半空心（红菇）；菌柄质地分为纤维质、脆骨质、肉质和蜡质。

3.菌环、菌托

伞菌初形成时，菌盖与菌柄间有内菌幕，开伞后变为菌环。菌环有单层、双层，可随子实体生长消失或永久存在。毒伞属某些种菌环呈蜘蛛网状，可与菌柄脱离。根据菌环着生位置，分为上、中、下三处。

子实体发育早期，外菌幕为菌蕾外包膜。子实层成熟后，外菌幕破裂，残留部分称菌托。伞菌中，有外菌幕者才有菌托，后者通常为白或浅色，形态包括杯状、杵状、鞘状、苞状等，为分类依据之一。

实训1　食用菌形态结构观察与分类

一、实训目的

1.了解食用菌的两个主要组成部分：菌丝体和子实体。

2.掌握菌丝体的形态结构和发育过程。

3.详细观察伞菌类子实体的外部形态及其组成部分。

二、实训设备及器件

显微镜、实物标本（初生菌丝、次生菌丝、三生菌丝、菌丝束、菌索、菌核、子座、菌盖、菌柄、菌环、菌托等）、彩色图片、放大镜。

三、实训地点

实验室及标本室。

四、实训步骤及要求

1.菌丝体的形态结构观察：

使用显微镜观察初生菌丝、次生菌丝、三生菌丝的形态结构。

描述初生菌丝的特征，包括无隔多核、竹节状横隔等。

观察次生菌丝的特征，如双核、绒毛状等。

2.特殊结构的观察：

观察菌丝束的形状和结构，理解其在人工制作菌种中的作用。

研究菌索的外表皮结构，了解其在恶劣环境中的抵抗能力。

考察菌核的形成过程和在干燥状态下的特点。

3.子实体的形态结构观察：

描述菌盖的形状、颜色和表面特征，注意不同种类之间的差异。

观察菌柄的形状、表面特征以及在菌盖上的着生位置。

研究菌环和菌托的存在情况及其特征。

4.图片认知与分类：

通过彩色实物图片和放大的真菌结构图片，扩大对不同种类、形态的食用菌的认识。

五、实训分析与总结

通过本实训，学员将了解食用菌的菌丝体形态结构和发育过程，深入观察伞菌类子实体的外部形态及其组成部分。实训结束后，学员能够对不同食用菌的形态特征有较为全面地认识。

【评分标准】

考核内容要求	考核标准（合格等级）
1. 观测、操作态度认真 2. 识别及分类准确	A. 对所有观察内容理解透彻，观察结果准确，图片认知较为全面，合格率90%以上。 B. 对大部分观察内容理解透彻，观察结果较为准确，图片认知较全面，合格率70%以上。 C. 对观察内容理解较为一般，部分结果有差错，图片认知较为有限，合格率50%以上。 D. 对观察内容理解较为欠缺，结果不准确，图片认知有限，合格率30%以上。

任务二 食用菌的分类

【知识目标】

掌握食用菌的分类。

【技能目标】

能够识别常用食用菌及分类。

食用菌分类是认识和利用其基础，野生食用菌的采集、驯化、鉴定和育种等需了解分类知识。分类遵循门、纲、目、科、属和种的等级，可设亚级。种是基本单位，由属名和种加词组成，常用命名人缩写。属名、种加词为拉丁词或拉丁化词，斜体表示，如香菇[Lentinula edodes（Berk.）Pegler]。各级别有标准化词尾：门-mycota、纲-mycetes、目-ales、科-aceae。

一、食用菌在生物中的分类地位

在自然界中，真菌是种类繁多、分布广泛的真核生物。最初真菌被归入植物界，后来被独立为真菌界。真菌细胞由细胞壁和原生质组成，原生质包括原生质膜、细胞核和其他细胞器。大多数真菌菌丝细胞之间由隔膜分开，多数隔膜中央有隔膜孔，便于细胞质、细胞核和其他细胞器通过。

真菌细胞壁刚性，保护细胞，化学成分不同。卵菌、黏菌与其他真菌亲缘关系远，列为假菌界。真菌界包括壶菌、接合菌、子囊菌和担子菌。广义真菌包括真菌、卵菌和黏菌，统称菌物。

食用菌分类依据：形态、细胞、生理、生态、遗传、子实体及孢子显微特征。主要属于真菌的子囊菌门和担子菌门，后者占多数。栽培中，有品种（同祖先、遗传一致的人工栽培群体）和菌株（单一菌体后代分离的纯培养物）之分。

二、食用菌标本采集与保藏

为了对某一地区的食用菌资源进行认识和研究，必须采集在该地区生长的食用菌样本。只有通过采集样本，才能进行分类和鉴定工作。

（一）标本采集、记录

食用菌标本采集前需了解其生长季节、生态环境及与环境的关系。部分食用菌具有季节性，需多次采集。采集的标本应附带标牌，记录相关信息，用纸包好，放入容器中。伞菌类孢子印是分类关键，需观察形态、颜色变化并摄影或摄像。

（二）标本保藏

1.干制标本

太阳暴晒、风干、微火烘烤或红外线照射、恒温干燥箱干燥，温度50～70℃。标签注明菌名、编号、采集地、日期、采集人。

2.浸制标本

该方法能保持子实体原形,将标本放入适宜的瓶中,倒入浸泡液,石蜡密封,外贴标签。根据食用菌颜色,选用不同浸泡液,如白色标本用5%甲醛或70%酒精,或有色素不溶于水的用醋酸汞10g,冰醋酸10mL,加水至1浸泡。色素溶于水的用醋酸汞10g,中性醋酸铅10g,90%乙醇990mL混合浸渍。

三、食用菌种类

全球食用菌种类超过2000种。戴玉成、周丽伟等(2010)统计,中国已知的食用菌约有966个分类单元,包括936种、23变种、3亚种和4变型。这些食用菌涵盖多个门、目、科,如子囊菌门的块菌科、羊肚菌科,担子菌门的蘑菇科、牛肝菌科、灵芝科等。蘑菇目、牛肝菌目、多孔菌目、鸡油菌目、鬼笔目、红菇目、革菌目等包含多个科。仍有未发现的食用菌种类待进一步调查。

实训2 食用菌标本采集与保藏

一、实训目的

1、学习食用菌标本采集的基本流程和方法。

2、了解不同标本保藏方式的特点和适用场景。

二、实训设备及器件

采集工具(刀具、篮筐等)、标本袋、标牌、相机或摄像设备、容器、太阳能暴晒设备、微火烘烤器、红外线照射器、恒温干燥箱、石蜡、甲醛、酒精、醋酸汞、醋酸铅、乙醇等。

三、实训地点

野外食用菌生长地和实验室。

四、实训步骤及要求

1.食用菌标本采集

学员了解采集前需要获取的信息,包括生长季节、生态环境、孢子印等特征。

学员进行实地采集,使用合适的刀具和篮筐,根据菌类的特点小心采集标本。

学员附上标牌，详细记录采集号、主要特征、生境、习性、产地、采集人姓名和日期等信息。

2.标本记录与观察

学员对采集的标本进行记录，包括拍照或录像，并观察同一子实体在不同生长阶段和环境条件下的变化。了解伞菌类食用菌的孢子印采集方法。

3.标本保藏：干制标本

学员学习太阳暴晒、风干、微火烘烤或红外线照射的干制方法。

学员使用恒温干燥箱进行标本的干燥，掌握温度控制在 50~70℃。

学员在标签上注明菌名、编号、采集地、日期、采集人。

4.标本保藏：浸制标本

学员了解浸制标本的方法，选择适宜的瓶和浸泡液。

学员根据食用菌颜色选择不同浸泡液，如甲醛或酒精用于白色标本，醋酸汞和醋酸铅用于有色素的标本。学会使用石蜡密封，外贴标签。

五、实训分析与总结

通过实训，学员应能够独立完成食用菌标本的采集、记录和保藏工作。对于不同保藏方式的特点有一定了解，为今后的食用菌研究提供基础。

【评分标准】

考核内容要求	考核标准（合格等级）
1. 独立完成采集，记录详细 2. 了解生态环境	A. 能独立完成采集，记录详细，对生态环境有深入了解。 B. 能独立完成采集，记录较详细，了解生态环境。 C. 能在指导下完成采集，记录基本信息，对生态环境有一定了解。 D. 未能完成采集任务或记录不详细，生态环境了解较差。

认识食用菌详细视频讲解见资源 1-1。

资源 1-1

任务三　食用菌的生理生态

【知识目标】
1. 掌握食用菌营养类型及其对食用菌的影响。
2. 掌握食用菌对环境条件的要求及其影响。
3. 了解食用菌生物环境及其影响。

【技能目标】
1. 能够准确判定食用菌的营养需求。
2. 能够对食用菌生活环境条件进行调解控制。

一、食用菌的营养

食用菌为异养生物，摄取自养生物光合作用产生的纤维素、半纤维素、木质素、淀粉和蛋白质等营养物质，通过分解、吸收获取能量。

（一）食用菌的营养物质

食用菌的生长和繁殖是一个复杂的过程，涉及从外部环境或培养基中获取营养物质的过程。这些物质的利用方式包括合成代谢，用于构建自身的结构，以及分解代谢，释放能量、水和二氧化碳。不同种类或生长基质的食用菌具有不同的化学成分，其中糖类、蛋白质、脂类、灰分、DNA 和 RNA 在其干重中占据不同比例。这种多样性反映了食用菌在生长过程中对各种营养物质的需求，其中包括碳源、氮源、无机盐、生长因子和水等。

1. 碳源

碳源是构成细胞物质及代谢产物中碳素来源的营养物质，主要负责细胞结构组成和生长繁殖所需能量的提供。在食用菌中，碳源的重要性位列前茅，其吸收的碳源仅 20%用于合成细胞物质，80%则用于维持生命活动的能量氧化分解。

食用菌碳含量占 50%～60%，碳源分为有机碳和无机碳。有机碳包括单糖、双糖、三糖、多糖、果糖、有机酸和醇等；氨基酸除氨源外，也可作碳源。

培养基常用单糖如葡萄糖、果糖等，多糖包括淀粉、纤维素等，有机酸如糖酸、乳酸等，醇类如甘露醇等作为碳源和能源。

食用菌菌丝在培养基中生长时，菌丝前端分泌的胞外纤维素酶对纤维素进行分解。木材降解过程中，纤维素、半纤维素和木质素被分解，进一步生成木糖、阿拉伯糖、葡萄糖、乳糖、甘露糖、糖醛酸和原儿茶酚类化合物，被食用菌吸收。香菇、平菇等食用菌对木质素降解能力强，主要利用木质素，次之纤维素、半纤维素。

2.氨源

氨源是构成菌体物质及代谢产物中加营素来源的营养物质，分为有机氨和无机氨两类。加营素是食用菌合成蛋白质、核酸和酶的必要原料，但不提供能量。

食用菌表现出强大地利用有机氮的能力，能够直接吸收小分子化合物如氨基酸。在生产中，常用的有机氨源包括麦麸、米糠、蛋白胨等多种物质。然而，尿素在高温处理后容易分解，释放出对菌丝生长不利的氨气和氢氰酸。此外，食用菌也能利用无机氮，但这可能导致生长速度减缓，甚至不出菇。对于食用菌来说，氨态氮更容易被吸收利用，而有些菌种则不能利用硝态氮。

在培养食用菌的过程中，适度增加培养基中的氨源浓度有助于激发菌丝的生长，提高产量。然而，如果加营素的供应过多，可能导致菌丝的过度生长，从而对出菇的产量产生负面影响。此外，过量的加营素在其他微生物的作用下可能引发 NH3 的大量产生，对菌丝产生毒害作用。

碳氮比（C/N）是营养基质中碳与氮比例指标。食用菌在不同生长阶段对 C/N 有要求，菌丝生长阶段适宜 C/N 为 30∶1，生殖生长阶段适宜 C/N 为 20∶1。不同食用菌对 C/N 要求各异。保持适宜 C/N 比例是确保食用菌产量的关键。过多碳源或氮源都可能影响产量。

3.生长因子

食用菌生长所需微量有机物称生长因子，包括维生素、氨基酸、嘌呤等，提供蛋白质、核酸等参与代谢，虽需量少但不可或缺。

4.矿物质元素

食用菌生长需矿物质元素,主元素如 P、S、Mg、K、Ca,微元素如 Fe、Cu、Zn、Mn、B、Mo。主元素参与细胞结构、酶作用等,需求量较大;微元素为酶活性成分或激活剂,需求量极少。

食用菌在生长初期迅速吸收磷,将其转化为有机化合物,从而激活多种关键酶类,如核苷酸合成酶和核苷酸转甲酰酶。钾在细胞渗透和物质运输中发挥关键作用,过低的钾供应会降低糖的利用率。镁是酶活化的促进因子,同时参与多种含磷化合物的生物合成。钙提高线粒体蛋白质含量,同时中和细胞内代谢产物的酸性,对细胞 pH 进行调节。硫以硫酸盐的形式被吸收,参与生理作用。

食用菌体细胞中,铁是构成过氧化氢酶、过氧化物酶、细胞色素和细胞色素氧化酶等关键酶的组成成分。铜是各种氧化酶活化基的核心元素,在生物体内参与催化氧化还原反应。锌激活多种酶的活性,与碳水化合物和蛋白质的代谢密切相关。锰和镁对于物质的合成、分解和呼吸等生理过程具有影响。硼有助于促进钙及其他阳离子的吸收,同时促进细胞壁质和细胞间质的形成。

食用菌的生长过程涉及菌丝与培养基的相互作用。当菌丝与培养基表面接触时,通过分泌各种酶,将培养基中的多糖和蛋白质分解为小分子的单糖和氨基酸。这些小分子物质通过渗透作用被菌丝细胞吸收。当菌丝生长到一定阶段时,形成菌蕾,随后形成子实体。在这个过程中,菌蕾和子实体吸收菌丝中的营养成分,特别是通过吸收单糖,使得菌丝内合成的菌糖用于储藏。子实体在生长时直接利用菌丝中合成的糖类作为碳源,同时多糖、醇类等也一同转移到子实体中。在子实体生长的同时,菌丝体内的一部分蛋白质被分解为氨基酸,随后转移到子实体中。

(二)食用菌的生理类型

食用菌营养摄取及与环境关系可分为腐生、共生和寄生三种生理类型。

1.腐生型

食用菌菌丝通过分泌各种胞外酶,将动植物残体分解、同化获取营养,维持其代谢。人工栽培的食用菌一般为腐生型真菌，如香菇、木耳、平菇、双孢蘑菇、金针菇和草菇等。腐生菌在林地土壤、农作物的耕作层、草原或灌丛中对动植物的残体进行转化，分解纤维素、木质素和果胶等，参与氮化物的转化，分解蛋白质、核酸等。它包括只进行腐生生活的专性腐生（如香菇、蘑菇等）和以寄生为主、兼营腐生的兼性腐生菌（如猴头菇）。

根据腐生对象的不同，食用菌可分为木腐菌和草腐菌。木腐菌包括香菇、木耳、灵芝、猴头菌等，而草腐菌包括双孢蘑菇、草菇等。在木腐菌中，根据对木材组分的分解能力和营养类型的不同，可将其分为褐腐菌和白腐菌两种类型。褐腐菌的木质素降解能力较弱，主要降解纤维素，留下褐色的木质素，使木材呈现褐色粉状或蜂窝状。而白腐菌的木质素降解能力较强，主要降解木质素，不产生色素。

2.共生型

共生是指两种生物相互依存、互利互惠的现象。许多著名的食用菌和药用菌属于共生菌，例如松茸、美味牛肝菌、松乳菇和红菇等。这些共生菌与植物根系形成菌根，通过提高土壤矿物质的溶解度，促进植物对氮、磷、钾等营养元素的吸收。同时，菌根菌丝能够保护植物根系免受病原菌的侵袭，产生植物生长激素，还能输送糖类。在这种关系中，植物通过与菌根形成的互利共生关系获取营养物质。共生菌根分为外生菌根和内生菌根两种类型。约有8%的植物能够与大型真菌形成共生关系。

大部分菌根菌丝紧密缠绕植物幼根表面，形成鞘状结构，根尖外绕菌丝网，少量菌丝蔓延表皮细胞间，形成哈氏网。能与植物形成菌根的菌类约30科99属，常见于块菌目、牛肝菌科、红菇属等。与菌类形成菌根的植物主要为裸子植物和被子植物。

内生菌根不侵入根的皮层或中柱，仅在营养根上定居。菌丝寄生在细胞内形成膨胀体及分枝，被根细胞消化，实现互利共生。如天麻与蜜环菌关系。蜜环菌侵入天麻地下块茎，菌丝仅在天麻表层细胞间隙生长，通过菌索"桥"输送降解木材的营养物质供天麻生长。

3.寄生型

寄生是一种生物着生于另一生物的体内或体表，从后者摄取营养物质供其生长、繁殖的现象。在昆虫寄生真菌中，形成的复合体被称为虫草。真菌索引数据库中记录了 540 个广义虫草属的名称，我国已报道约 120 种，其中冬虫夏草是最具经济价值的一种。寄生现象可分为专性寄生、兼性寄生和兼性腐生三种类型。

一些食用菌的子实体在特定的植物茎秆周围的地面上出现，这种现象被称为寄生性食用菌。例如，美味牛肝菌在桦属林地出现，点柄牛肝菌、褐黄牛肝菌在松林出现，松口蘑在赤松林出现，棕灰口蘑在松林和山毛榉林出现，松乳菇在松林和云杉林出现。这些食用菌与特定的树种共生。在草原上，也有一些地下寄生菌能够形成蘑菇环。寄生性食用菌不能独自在枯枝腐木上生长，它们需要从活的松树等寄主获取营养，因此栽培这类食用菌的难度较大。

兼性寄生食用菌同时具备腐生性和寄生性两种特性。这类食用菌在枯枝、禾草等腐烂有机物上能够生长，同时也具有在活植物体上寄生的能力。以蜜环菌为例，它既能在枯木上生长繁殖，又能侵入植物（如天麻）的根内，进行寄生生活。

二、食用菌的理化环境

食用菌生长需适宜环境条件，包括物理、化学和生物因素。关键是温度、水分、湿度、氧、CO_2、pH 和光照。

（一）温度

温度是影响食用菌生长的关键因素，它关系到孢子的产生和菌丝的生长。适宜的温度能促进孢子萌发和菌丝发育，但过高或过低的温度都会对其生长产生负面影响。这种温度适应性是食用菌经过长期自然选择而形成的生长特性，使其在特定温度条件下能发挥最大生长潜力。

食用菌可根据温度适应性分为低温、中温和高温型三种。

1.低温型

菌丝生长最高温 30℃，适温 18～21℃，如金针菇、蘑菇、平菇、猴头菌及羊肚菌等。

2.中温型

菌丝生长最高温 35～36℃，最适 22～28℃，如香菇、银耳、木耳、大肥菇及牛肝菌。

3.高温型

菌丝生长极限温 46℃，最适 28～32℃，如草菇。

食用菌的菌丝在完成营养生长至生理成熟后，需要外界刺激才能进入生殖生长阶段。其中，降低温度是主要的诱发子实体原基形成的方法。通过降温结合昼夜温差刺激、CO_2 浓度控制、湿度及光诱导等因素，可以进一步促使原基形成。不同食用菌对原基形成所需温度有不同的要求，可分为恒温结实性和变温结实性两种类型。恒温结实性的食用菌对温度的要求差异不大，如草菇、木耳、猴头菇等；而变温结实性的食用菌需要在连续降温过程后，还受到昼夜温差刺激，且温差越大越有利于原基形成，例如香菇、金针菇和平菇等。

（二）水分和空气相对湿度

水是生命活动中不可或缺的要素，其在生物体中不仅是食用菌的组成部分，更是新陈代谢过程和营养吸收过程中必不可少的基本物质。

1.营养生长阶段

水分对于菌丝的生长至关重要，不仅是细胞降解基质和吸收营养的必需条件，还影响基质的透气性，进而影响菌丝的发育。在食用菌培养中，水分的控制十分关键。菌丝生长所需的水分主要来源于培养基，例如在木屑栽培食用菌时，适宜的含水量一般为60%左右。在蘑菇等的培养过程中，堆肥的最适含水量为60%～65%，高于或低于这个水平都会降低产量。另外，菌丝束的形成与培养料的含水量关系密切，不同的水分含量对于菌丝的生长和束的形成有着不同的影响。含水量为40%～50%的培养料中，菌丝生长缓慢，数量较少，甚至可能不形成菌丝束；而在含水量为60%～65%的条件下，菌丝束的形成迅速。超过75%的高含水量条件下，菌丝几乎不再生长。

在段木栽培香菇的过程中，木材的水分包括游离态和结合态两部分。木材的纤维饱和点指的是当游离态水分完全蒸发，只剩下25%～35%的结合态水分时的状态。在计算段木的含水量时，通常会扣除结合态水分，以游离水含量来表示。最适合接种香菇菌种的段木含水量在35%左右。当水分含量在35%~45%之间时，香菇菌丝生长最快。低于30%时，香菇菌丝的生长会变得微弱。而当水分低于15%~20%时，香菇菌丝将停止生长或死亡。

空气的相对湿度是指在一定温度和气压下，空气中含水量与饱和含水量的比值。在相同环境中，温度升高会导致饱和含水量增大，相对湿度降低。在培养室中，加温后相对湿度降低是由于温度升高导致饱和含水量增大。食用菌的生长发育需要维持一定的空气相对湿度，因为相对湿度直接影响培养基水分的蒸发量。较高的相对湿度可能影响通风换气，导致CO_2和其他有害气体的积累，减少O_2的供应。在食用菌菌丝体生长阶段，适宜的相对湿度范围为60%~70%。

2.子实体发育阶段

食用菌的子实体含水量一般在85%~93%，其中绝大部分水分来自基质。基质的含水量直接关系到食用菌的产量和质量。在子实体分化阶段，提高空气的相对湿度有利于原基的分化。而在子实体发育阶段，增加空气相对湿度有助于降低基质表面的蒸发速率，满足子实体对水分的需求。适宜的相对湿度在85%~95%之间，过低可能导致幼蕾枯萎，而超过95%则可能引起细菌性斑点病的传播。相对湿度低于70%会使菇盖外表变硬，甚至发生龟裂。湿度低于50%时，将停止出菇，已分化的小菇蕾也会枯萎死亡。

（三）氧与二氧化碳

食用菌是好氧真菌，需O_2呼吸。生长发育时，消耗O_2排CO_2。不同食用菌或菌株对O_2需求量各异。

1.氧和二氧化碳对菌丝生长的影响

不同食用菌在菌丝生长阶段对氧气的需求不同，大多数食用菌在菌丝体生长阶段，过低的氧气含量会严重抑制菌丝的生长。空气中氧气含量为21%，CO_2含量为0.03%。当CO_2浓度为50%时，蘑菇菌丝生长量比正常情况下降60%，CO_2浓度愈高，蘑菇菌丝生长量愈低。低浓度CO_2对猴头菇、灵芝和金针菇的分化也有抑制作用。一些食用菌能够耐受较高的CO_2浓度，比如平菇在 20%～30%的 CO_2 浓度下，生长量增加，高浓度 CO_2 还能防止杂菌，但当 CO_2 浓度大于 30%时，菌丝的生长速度迅速下降。

2.氧和二氧化碳对子实体生长的影响

在子实体分化阶段，氧气充足、二氧化碳较低时，有助于菌盖生长、抑制菌柄伸长；反之，二氧化碳高时，抑制菌盖生长、促进菌柄生长。子实体生长阶段，低二氧化碳有利于子实体形成，如微量二氧化碳（0.034%～0.1%）对蘑菇、草菇分化必需。子实体形成后，呼吸作用增强，氧气需求大，二氧化碳浓度达 0.1%以上时，猴头菇呈珊瑚状分枝，蘑菇、香菇出现菌柄长、早开伞畸形。

（四）光照

大部分食用菌为腐生菌，无法进行光合作用。强光可能导致基质升温，抑制菌丝生长，甚至死亡。侧耳、灵芝、竹荪等在光照下生长较快；银耳、木耳、小刺猴头菇、长根菇等对光线不敏感；猴头菌、灵芝、香菇、白杯蕈等在散射光下，菌丝生长速度降 40%～60%。

食用菌的生长过程中，虽然菌丝生长不受光照限制，但要形成可食用的子实体，光照是必不可少的因素。其中，一些菌种在完全黑暗条件下无法产生子实体原基，而在黑暗条件下培养的菌丝体经过短时间光照处理后，能够分化形成原基，尽管分化会延迟且生长不良。光照不仅提高了菌丝细胞的分裂活性，还导致各种形态上的变化，最终促使菌丝原基的形成。大多数食用菌对光照有一定的需求，但也有少数可以在完全黑暗条件下完成生命周期。光照强度对子实体的外观特征有影响，如色泽、菌柄长度和宽度。适当延长光照时间能够提高子实体的产量，不同种类的食用菌对光照时间的需求各异。

（五）pH

食用菌代谢活动中酶的种类各异，导致不同生长阶段的菌丝有相应的 pH 范围。pH 影响菌丝内酶活性、细胞膜透性及金属离子吸收能力。培养基 pH 影响金属离子状态，如过高时，镁、钙、锌、铁等离子生成不溶性盐，无法被菌丝吸收；过低则抑制维生素 B_1 合成酶活性，影响菌丝生长。

食用菌根据生长环境可分为木腐、草腐、共生和寄生类。木腐类生长在酸性环境，如猴头菌适宜pH3～4，黑木耳pH5.5～6.5；草腐类生长在偏碱性环境，如双孢蘑菇适宜pH7.2～7.5，草菇pH7.5～9.0。共生、寄生类适宜酸性环境。培养食用菌时，需控制基质pH在适宜范围内，否则菌丝难生长。菌丝生长过程中产生有机酸，如柠檬酸、延胡索酸和草酸等，能降低基质pH并稳定在一定范围内。

三、食用菌的生物环境

食用菌与生物圈其他成员关系密切，共同进化，构成生态系统的关键部分。

（一）食用菌与微生物

1.对食用菌有益的微生物

微生物在食用菌培养中起关键作用，如双孢蘑菇覆土中的假单胞菌、嗜热放线菌和高温单孢菌。它们分解复杂有机物，如纤维素和半纤维素，并产生对双孢蘑菇生长有益的营养物质。在银耳栽培中，香灰菌和银耳菌丝共生，香灰菌分解纤维素和半纤维素，产生的单糖被银耳菌丝吸收利用。人工栽培中，混合银耳和香灰菌菌丝可提高产量和生长发育。

2.对食用菌有害的微生物

食用菌栽培中，有害微生物可能影响其生长。这些微生物与食用菌争夺营养、生活空间，或产生抗性物质、毒素阻碍其生长。部分微生物还直接寄生在食用菌上，引发病害。无论是自然或人工栽培的食用菌，都可能受到细菌、放线菌、酵母菌、丝状真菌和病毒等有害微生物的影响。因此，栽培过程中需注意预防，降低其影响。

（二）食用菌与动物

动物粪便和尸体为粪生真菌如双孢蘑菇、毛头鬼伞提供碳源和氮源。部分动物如鸡枞菌与白蚁共生，有助于食用菌孢子传播和萌发。栽培食用菌需防动物危害，如昆虫、节肢动物等取食菌丝、子实体，造成减产或绝收。部分昆虫如白蚁、金龟子、天牛幼虫等还蛀食基质原料，与食用菌争夺营养。

（三）食用菌与植物

食用菌与植物紧密相连，植物为其提供生态环境。食用菌主要在植物残体上腐生，如倒木、枯枝等。大型真菌的主要营养基质是落叶层，微生物分解落叶层形成腐质层，为真菌繁殖提供优越环境。部分食用菌可寄生在活植物上，如蜜环菌引发根腐病，猴头菌导致白腐病。因此，应预防蜜环菌等寄生菌对经济林木的危害。

食用菌与高等植物可形成菌根菌共生，分泌植物激素活化土壤养分，促进植物吸收。植物通过光合作用为菌根菌提供养分，形成互利共生关系，如美味牛肝菌与桦树、松乳菇与松树。

植物为食用菌提供营养和生态环境，叶面蒸腾调节湿度，茂密枝叶形成密闭度，透入散射光，光合作用产生氧气，构成生长环境。食用菌与果树、作物套种，具有经济和生态价值。

实训3　食用菌生态环境调控

一、实训目的

1.理解食用菌与微生物、动物、植物的生态关系。

2.学习在食用菌栽培中对有益微生物和有害微生物的管理。

3.掌握环境条件对食用菌生长的影响。

二、实训设备及器件

微生物观察设备、动物生态调查工具、环境监测仪器、记录表

三、实训地点

食用菌栽培实验室。

四、实训步骤及要求

1.微生物调查

使用微生物观察设备，观察食用菌栽培基质中的有益微生物，如假单胞菌、嗜热放线菌等，记录其存在情况。

2.动物调查

使用动物生态调查工具，调查食用菌栽培环境中的动物，注意防范可能

对食用菌产生危害的昆虫、节肢动物等。

3.环境监测

利用环境监测仪器,测量食用菌栽培实验室内的温度、湿度、光照、二氧化碳浓度及培养基中 PH 数值,记录这些环境因素的数据。

4.数据整理与对比

整理微生物观察、动物调查和环境监测的数据,对比实际情况与理论预期,发现差异。

5.环境调控措施

根据数据结果,给出当前条件下,应如何进行环境调控。包括有益微生物的促进和有害微生物的预防,以及环境因素的调整。

五、实训分析与总结

通过本实训,学员将深入了解食用菌与微生物、动物、植物之间的相互关系,学习如何通过合理的环境调控提高食用菌生产效益。同时,强调对有益微生物的重视和对有害微生物的预防,为食用菌生态系统的稳定性提供指导。

【评分标准】

考核内容要求	考核标准(合格等级)
1. 观测、记录态度认真 2. 准确给出调控措施	A. 观测仪器指标认真,记录准确,能够与智慧系统无差异,做出的调控措施合理,可操作性强。 B. 观测仪器指标较认真,记录较准确,能够与智慧系统差异小,做出的调控措施较合理,能够进行操作。 C. 观测仪器指标不认真,记录缺乏准确性,与智慧系统差异大,做出的调控措施一般,可操作性一般。 D. 观测仪器指标不认真,记录不准确,与智慧系统差异明显,做出的调控措施不合理,无可操作性。

项目二　食用菌制种技术

任务一　食用菌菌种概述

【知识目标】

明确食用菌菌种分级、分类。

【技能目标】

能够熟练制作食用菌培养基。

一、菌种分级

食用菌菌种是人工培养的可用于繁殖的菌丝体或孢子。我国食用菌菌种分为母种、原种和栽培种3级。

1. 母种

母种是选育得到的结实性菌丝体纯培养物及其继代培养物，培养容器为玻璃试管、培养皿。根据用途，母种可分为保藏、扩繁和生产等类型。

除单孢子分离，母种纯菌丝具结实性。因母种数量有限，将其转接至新培养基可得多母种，称再生母种。1母种可转10多再生母种。

2. 原种

原种是母种在天然固体培养基上扩繁的纯菌丝体，又称二级种。常用玻璃瓶、塑料菌种瓶或聚丙烯塑料袋作为培养容器。原种用于培育栽培种或直接栽培。

3. 栽培种

栽培种是原种在天然固体培养基上扩繁得到的直接可用作栽培基质的菌

种，也称三级种。常用玻璃瓶、塑料瓶或袋作培养容器，仅用于生产栽培，不可再扩繁成菌种。

二、菌种类型

依据培养基物理状态，菌种可分为固体和液体两类。

1.固体菌种

固体菌种是指生长在固体培养基上的食用菌菌种，主要包括：PDA试管菌种、谷粒菌种、棉籽壳菌种、木屑菌种和复合料菌种。各菌种有各自优缺点。

（1）PDA试管菌种。通过孢子或组织分离得到的纯培养物，转移到试管斜面培养基上培养，获得纯菌丝菌种。

（2）谷粒菌种。指以小麦、玉米、高粱或谷子等作物籽粒为培养基的食用菌菌种。现几乎全部双孢蘑菇生产采用谷粒菌种。谷粒菌种优点：菌丝生长旺盛、生命力强、发菌快，基质中扩展迅速；缺点：存放时间不宜过长，易老化。

（3）棉籽壳菌种。棉籽壳营养丰富，颗粒分散，制菌种抗污染性强，耐高温，受菇农喜爱。

（4）木屑菌种。利用阔叶树木屑制作的食用菌菌种，具有生产简便、成本低、原料充足、包装运输方便等优势。

（5）复合料菌种。指利用两种或两种以上主要原料如木屑、棉籽壳、玉米芯等混合制作的食用菌菌种。复合料菌种营养丰富，菌丝生长良好，接种后适应性强。

2.液体菌种

液体菌种是通过液体发酵技术，在生物发酵罐中生产出的食用菌菌种。这种生产方式已广泛应用于食用菌生产企业，取得了良好经济效益和生态效益。

实训4 食用菌菌种管理与分类

一、实训目的

1.了解不同类型的食用菌菌种及其在栽培中的应用。

2.掌握固体菌种和液体菌种的基本概念和特点。

二、实训设备及器件

试管、培养皿、玻璃瓶、塑料菌种瓶、聚丙烯塑料袋

不同类型的培养基和培养基配制工具

生物发酵罐

三、实训地点

食用菌栽培实验室。

四、实训步骤及要求

指导学员实地观察不同类型的固体菌种,并对其进行分类。提供各种菌种的示例,让学员理解每种的特点。

五、实训分析与总结

通过操作不同类型的食用菌菌种,学员深入了解了其制备过程和特点。本次实训使学员具备了操作固体菌种和液体菌种的基本能力,为将来参与食用菌生产提供了实际经验。

【评分标准】

考核内容要求	考核标准(合格等级)
1. 观测、记录态度认真 2. 准确识别固体菌种	A. 观察认真、识别及记录准确,识别准确率90%以上。 B. 观察较认真、识别及记录较准确,识别准确率70%以上。 C. 观察不太认真、识别及记录一般准确,识别准确率50%以上。 D. 观察不认真、识别及记录不准确,识别准确率30%以上。

任务二 菌种制作的设施、设备

【知识目标】

掌握食用菌培养基制作设施设备。

【技能目标】

熟悉培养基制作设施设备使用。

一、配料加工、分装设备

1.原材料加工设备

（1）秸秆粉碎机。用于切割农作物秸秆（如玉米秸秆、玉米芯、棉柴）的设备，以便进一步粉碎或直接应用的机械装置。

（2）木屑机。阔叶树或硬杂木的枝丫经切片处理后，予以粉碎，即可用作食用菌生产之优质原料。

2.配料分装设备

（1）拌料机。拌料机作为一种替代人工拌料的设备，其主要功能是将主料与辅料按适量比例加入水分，通过搅拌使之达到均匀混合的效果。

（2）装袋机。家庭生产可选小型立式或卧式多功能装袋机，规模化生产适用大型冲压式装袋机。

1）小型装袋机。主要将拌好的培养料装入特定规格的塑料袋，每小时可达250~300袋。优点：紧实、袋底通气孔、质量佳、速度快；缺点：仅适用于单一规格塑料袋。

2）小型多功能装袋机。主要将拌好的培养料装入塑料袋，每小时可装200袋。适用各类食用菌栽培，料筒和搅龙可随菌袋规格更换。缺点：操作熟练度影响装袋质量和速度。适合多种食用菌栽培时使用。

3）大型冲压式装袋机。与小装袋机原理相近，需拌料机、传送装置配合，连续作业，每小时可装1200袋，主要应用于大型菌种厂、菌包厂或食用菌工厂化生产。

二、灭菌设备

1.高压灭菌设备

高压灭菌锅炉凭借高饱和蒸汽压力和高温（121℃）快速杀灭杂菌，通过蛋白质变性失活实现彻底灭菌。设备类型包括手提式、立式和高压灭菌柜。

2.常压灭菌设备

常压灭菌利用锅炉产生的强穿透力热蒸汽，使培养基保持100℃高温，实现活菌灭杀。灭菌设备因地域习惯而异，主要分为蒸汽发生器和灭菌池两部分。

3.周转筐

食用菌生产中，为提高搬运便利性及降低料袋损伤，多采用周转筐盛装。周转筐由钢筋或高压聚丙烯材料制成，光滑以防扎袋。规格依生产需求而定。

三、接种设备

接种设备包括接种帐、接种箱、超净工作台、接种机、简易蒸汽接种设备、离子风机及接种工具等。

1.简易接种帐

塑料薄膜制接种帐可设在大棚或房间，有2种规格：小型的2m×3m，较大的(3～4)m×4m，高度2～2.2m。接种帐可随空间设置，可随时打开收起，常用高锰酸钾和甲醛熏蒸消毒。

2.接种箱

接种箱由木板玻璃制成，配有2扇可开启的玻璃窗、2个圆洞（带袖套），内设1盏日光灯、1盏30瓦紫外线灯及臭氧发生装置。容积适中，可容纳80～150个菌袋，适用于小规模生产及小型菌种厂制种。

3.超净工作台

超净工作台原理：空气预过滤后，经风机压入静压箱，再高效过滤，洁净气流均匀吹出，排出工作区空气，带走尘埃颗粒和生物颗粒，形成无菌高洁净环境。

4.接种机

接种机有多种，如桌面离子风式，能覆盖25cm范围无菌，便于接种。另有百级净化接种机，适用于工厂化接种，实现百级净化，确保无污染且成功率。

5.简易接种室

接种室（无菌室）是用于分离、移接菌种的小房间，充当扩大的接种箱。

6.接种工具

接种工具主要用于菌种分离和移接，包括接种铲、针、环、钩、匙、刀、棒、镊子和液体菌种专用接种枪等。

四、培养设备

培养设备主要包括恒温培养箱、培养架和培养室等，液体菌种还需摇床和发酵罐。

1.恒温培养箱

专用电器设备，用于培养试管母种。

2.培养室及培养架

大规模栽培制种时使用，面积 $20\sim50m^2$，控温设备，通风设施，培养架宽 45cm，层间距 55cm，4～6 层，间距 60cm。

五、培养料的分装容器

1.母种培养基的分装容器

母种培养基分装主要采用玻璃试管、漏斗、玻璃分液漏筒、烧杯、玻璃棒等。试管规格以外径×长度表示，食用菌生产中常用 18mm×180mm、20mm×200mm 试管。

2.原种和栽培种的分装容器

原种和栽培种生产主要采用塑料瓶、玻璃瓶、塑料袋等容器。原种选用容积 850mL 以下、耐 126℃高温的无色玻璃瓶或近透明塑料瓶，瓶口直径小于或等于 4cm。也可选用 15cm×28cm、耐 126℃高温、符合 GB4806.1—2016 标准的聚丙烯塑料袋。栽培种除原种容器外，还可使用 17cm×35cm、耐 126℃高温、符合 GB4806.1—2016 标准的聚丙烯塑料袋。

六、封口材料

食用菌菌种生产的封口材料主要包括套环、无棉盖体、棉花和扎口绳等。

七、生产环境调控设备

食用菌生产环境调控设备包括制冷压缩机、制冷机组、冷风机、空调机和加湿器等。

八、菌种保藏设备

菌种保藏是生产和科研关键环节，涉及设备选择。生产常用低温冰箱，科研院所则选超低温冰箱和液氮冰箱实现长期保藏。

九、液体菌种生产设备

1.液体菌种培养器

液体菌种培养器由罐体、空气过滤器和电子控制柜组成。罐体包含阀门、压力表、安全阀、加热棒和视镜等组件。空气过滤器由压缩机、滤壳、滤芯和压力表构成。电子控制柜内有电路系统，实现对灭菌时间、温度、培养状态和时间等参数的精确控制。

2.摇床

食用菌生产中，简易摇床可用于获取少量液体菌种。液体菌种是通过生物培养设备，在发酵罐中利用液体深层培养生产的食用菌菌球，作为栽培种子。与固体菌种（如试管、谷粒、木屑、棉籽壳、枝条等）相比，液体菌种具有独特物理性状和优势。

实训 5　制种设备

一、实训目的

1.掌握食用菌制种设备种类、结构。

2.能够操作常用制种设备。

二、实训设备及器件

主要食用菌制种设备：筛拌料机、装袋装瓶机、高压蒸汽锅、常压灭菌锅、接种室、接种箱（超净工作台）、酒精灯、恒温培养箱、培养室及接种生产线等。

三、实训地点

实验室、食用菌栽培室、校外工厂化实训基地。

四、实训步骤及要求

1.认识制种设备。

观察制种过程设备，并根据要求记录。

2.考核制种设备功用、特点掌握情况。

在实验室、食用菌栽培室、校外工厂化实训基地内，对主要制种设备在制种过程中的作用进行现场问答，并按考核要点记录。

3.主要制种设备的操作。

4.作出制种流程图，并标注主要设备及用具。

五、实训分析与总结

熟悉食用菌制种设备作用、特点，能够安全熟练操作常用设备。

【评分标准】

考核内容要求	考核标准（合格等级）
1. 观察、操作态度认真 2. 使用符合操作规程	A. 观察认真、识别及记录准确，能够安全操作主要制种设备，识别准确率90%以上。 B. 观察较认真、识别及记录较准确，能够安全操作大部分主要制种设备，识别准确率70%以上。 C. 观察不太认真、识别及记录一般准确，能够安全操作部分主要制种设备，识别准确率50%以上。 D. 观察不认真、识别及记录不准确，不能够安全操作主要制种设备，识别准确率30%以上。

制种设备详细视频讲解见资源2-1。

资源2-1

任务三　固体菌种制作

【知识目标】

掌握食用菌固体菌种制作技术。

【技能目标】

能够熟练制作食用菌固体菌种。

一、母种生产

1.常见斜面母种培养基配方如下：

（1）马铃薯葡萄糖琼脂培养基（PDA）配方。去皮马铃薯200g，葡萄糖20g，琼脂18～20g，加水至1000mL。

（2）马铃薯葡萄糖蛋白胨琼脂培养基配方。去皮马铃薯200g，蛋白胨10g，葡萄糖20g，琼脂20g，加水至1000mL。

（3）马铃薯综合培养基配方。去皮马铃薯200g，磷酸二氢钾3g，维生素B１２～4片，葡萄糖20g，硫酸镁1.5g，琼脂20g，加水至1000mL。

2.木腐菌种培养基

1）麦芽浸膏10g，酵母浸膏0.5g，硫酸镁0.5g，硝酸钙0.5g，蛋白胨1.5g，麦芽糖5g，磷酸二氢钾0.25g，琼脂20g，水1000mL。

2）酵母浸膏15g，磷酸二氢钾1g，硫酸钠2g，蔗糖10～40g，麦芽浸膏10g，氯化钾0.5g，硫酸镁0.05g，硫酸铁0.01g，琼脂15～25g，水1000mL。

3.保藏菌种培养基

1）玉米粉50g，葡萄糖10g，酵母膏10g，琼脂15g，水1000mL。

2）蛋白胨10g，葡萄糖1g，酵母膏5g，琼脂20g，水1000mL。

3）硫酸镁0.5g，磷酸氢二钾1g，葡萄糖20g，磷酸二氢钾0.5g，蛋白胨2g，琼脂15g，水1000mL。

4.母种培养基的配制

（1）材料准备。选无芽无色马铃薯，洗净去皮，取 200g 切小块。称其他材料。酵母粉温水溶化。

（2）热浸提。将马铃薯小块放入 1000mL 水中煮沸，文火煮 30 分钟。

（3）过滤。在沸水中煮 30 分钟后，使用四层纱布进行过滤。

（4）琼脂溶化。先将琼脂粉溶于温水，再入培养基液中溶解。煮琼脂要持续搅拌至全溶。

（5）定容。琼脂溶化后，将材料加入液体，加水至 1000mL，搅拌均匀。

（6）分装。选用洁净、完整、无损的玻璃试管，分装，一般占试管长度的 1/5～1/4。

分装后，用梳棉制棉塞封试管口，长 3～3.5cm，内塞 1.5～2cm，外露 1.5cm。手提时不脱落。7 支试管捆一捆，双层牛皮纸包试管口，扎紧。

（7）灭菌。在灭菌前，确保灭菌锅内有足够水分，试管包扎好后竖放套桶中。盖紧锅盖，拧紧螺钉，关放气阀。按使用说明，保持 0.15 兆帕压力，灭菌 30 分钟。

（8）摆斜面。灭菌后，等待压力降至 0，开阀放气。打开锅盖，让器具自然降温 20～40 分钟。降温完成后，摆放斜面，长度以顶端距棉塞 40～50mm 为宜。

（9）无菌检查。抽取 3%～5%试管，28℃培养 48 小时，无微生物生长则合格，可正常使用。

5.母种接种

（1）接种前准备。在进行微生物接种前，确保接种室（箱）的全面清理和消毒，同时工作人员需穿戴必要的防护装备。通过细致的金属工具和手部清洁以及有效的酒精消毒，确保接种工具和双手达到彻底无菌的状态。标签明确试管信息，整齐摆放接种所需物品于超净工作台。通过地面的喷雾消毒和紫外线灯的照射，进一步巩固工作环境的无菌状态，为微生物接种提供可靠的基础保障。

（2）接种。在进行微生物接种前，确保实验环境的无菌状态。关闭紫外灯，擦拭双手和母种外壁，并点燃酒精灯，形成 10cm 区域的无菌区。用左手握住两支试管,使斜面水平,拧松棉塞。在火焰上方灼烧灭菌接种工具,同时用火焰灼烧试管口。迅速拔掉试管棉塞,用火焰灼烧管口,然后取菌块。将接种钩伸入待接种试管,在斜面培养基中央放置菌块,注意避免划破培养基和粘在管壁上。抽出接种钩,灼烧管口和棉塞,并塞上棉塞。每接种3~5支试管后,再次灼烧接种钩,以防大面积污染。

6.培养

(1)恒温培养。接种后,试管菌种置于22~24℃恒温培养箱培养。

(2)污染检查。接种后头两天每日检查,后改为每两天检查。发现非白色、不整齐斑点或块状杂菌,立即剔除。挑选菌丝密、洁白、无杂菌感染试管菌种,保存在2~4℃冰箱。

二、原种、栽培种生产

1.常见培养基及制作

(1)以棉籽壳为主料培养基

	棉籽壳	玉米芯	阔叶木屑	麦麸	石膏	含水量
1	99%				1%	60%±2%
2	84%—89%			10%—15%	1%	60%±2%
3	54%—69%	20%—30%		10%—15%	1%	60%±2%
4	54%—69%		20%—30%	10%—15%	1%	60%±2%

图2-1 棉籽壳培养基配方

制作棉籽壳培养基重点在精确计算比例、称取适量原料,保证适量水分加入。可通过手感检验含水量,紧握培养料,若指缝间有水不滴下,说明含水量适中。

(2)以木屑为主料培养基

1)木屑培养基配方:

①阔叶树木屑占比78%,麸皮或米糠占比20%,蔗糖占比1%,石膏占比1%,含水量58%±2%。

②阔叶树木屑占比63%,棉籽壳占比15%,麸皮占比20%,糖占比1%,

石膏占比 1%，含水量 58%±2%。

③阔叶树木屑占比 63%，玉米芯粉占比 15%，麸皮占比 20%，糖占比 1%，石膏占比 1%，含水量 58%±2%。

2）木屑培养基制作：与棉籽壳培养基制作方法相同。

（3）麦粒为主料的培养基

1）麦粒培养基配方：小麦占比 93%，杂木屑占比 5%，石灰或石膏占比 2%。

2）麦粒培养基制作步骤：首先，将小麦过筛，以去除杂质；接着，将小麦放入石灰水中浸泡，使其充分吸收水分；随后，将浸泡后的小麦捞出，放入锅中煮至熟透；待冷却至麦粒表面无水膜后，加入石膏，搅拌均匀；最后，将混合物装瓶并进行灭菌处理。

（4）木块木条培养基

1）木块木条培养基配方：

①木条培养基：由木条占比 85%和木屑培养基占比 15%组成，常用于制备塑料袋栽培种，因此通常被称为木签菌种。

②楔形和圆柱形木块培养基：由木块占比 84%，阔叶树木屑占比 13%，麸皮或米糠占比 2.8%，白糖占比 0.1%，石膏占比 0.1%构成。

③枝条培养基：由枝条占比 80%，麸皮或米糠占比 19.9%，石膏占比 0.1%组成。

2）木块木条培养基制作：

①制作木条培养基：木条泡 0.1%多菌灵液，沥水后与木屑培养基混匀。均匀附着木屑后，装瓶（袋）尖头向下。最后铺 1.5cm 厚木屑培养基。

②制作楔形、圆柱形木块培养基：浸泡木块 12 小时，制备木屑培养料，混合木块与培养基，装瓶（袋）。在木块表面覆盖一层木屑，保持平整。

③制作枝条培养基：选择枝条→劈半→剪成小段→40～50℃营养液浸泡→与麸皮或米糠混合→调节含水量→加石膏拌匀→装瓶→灭菌。营养液含蔗糖、磷酸二氢钾、硫酸镁。

2.培养基灭菌

（1）不同培养基在高压灭菌条件下的灭菌时间各异。木屑、草料培养基在 0.12 兆帕下 1.5 小时或 0.14～0.15 兆帕下 1 小时。谷粒、粪草、种木培养基在 0.14～0.15 兆帕下 2.5 小时。装容量大时，灭菌时间需延长。灭菌后应自然降压至 0，避免强制降压，确保培养基质量和无菌状态。

（2）常压灭菌采用蒸汽灭菌锅，水沸腾时蒸气温度可达 100～108℃，灭菌时间从袋内温度达到 100℃以上开始计时。灭菌要在 3 小时内使灭菌室温度达到 100℃，然后在 100℃下保持 10～12 小时，停火焖锅 8～10 小时后出锅。该方法适用于母种培养基、原种培养基、谷粒培养基、粪草培养基和种木培养基。操作要点是"攻头、控中、保尾"，确保灭菌效果和培养基质量。

1）迅速装料、及时进灶是培养基质量的关键。错过时机，杂菌易繁殖，尤其高温季。这导致培养料酸败，影响灭菌效果。因此，适时灭菌，防止杂菌过度增殖，确保培养基稳定性和适用性。

2）为了确保蒸汽的流畅穿透，防止菌种袋受热后相互挤压粘连形成"死角"，常规的操作是按照顺码式分层放置。每放 4 层后，可以采用架隔开或直接放入周转筐中进行灭菌。

3）在常压灭菌中，使用旺火升温是一项关键措施，确保在 3 小时内使灭菌灶内温度达到 100℃。这一步骤的目的是防止微生物在适温范围内迅速增殖，特别是耐高温微生物。如果灭菌灶内很长时间未达到 100℃，可能导致培养基的酸败，影响培养基的质量。

【提示】灭菌过程需 4～6 小时，保持旺火加热，使袋温近 100℃。注意补水防干锅，每小时一次，不可加冷水。全程持续火力。

4）灭菌时间到后，停火闭锅，利用余热进行 8～10 小时。待料温降至 50～60℃，移入冷却室冷却，同时进行下一锅灭菌。棉塞封口需趁热烘干，干后出锅，避免冷空气污染。为解决第一锅不彻底，可先对空锅灭菌，再正常进行。

3.接种

（1）接种场所。接种场所包括接种车间、接种室、塑料袋接种帐，以及接种箱。接种车间通常配备空气净化与消毒机，使用超净工作台进行接种。接种室建议具有平整、光滑的墙壁和地面，采用推拉门和双层玻璃窗，可安装空气过滤器。在灭菌室和菌种培养室之间设置接种室，以便快速搬运培养基，避免污染和节省时间。塑料袋接种帐采用框架和薄膜制成，地面用木条固定。

（2）消毒。接种场所内，摆放菌种瓶、灭菌培养基和接种工具。进行消毒步骤，可用3%煤酚皂液或5%石炭酸水溶液喷雾，或用气雾消毒剂熏蒸30分钟。接着开启紫外线灯照射30分钟。操作者需穿戴工作服、鞋套、帽子、口罩，操作前用75%酒精棉球擦手。操作时动作轻缓，减少空气流动，避免污染。

（3）接种。

1）原种接种。在原种接种过程中，需要在清洁无菌的接种室内进行准备工作，包括将试管母种接入原种瓶，确保培养基温度适宜。接种前，对各种接种工具进行酒精灯灼烧灭菌。接种时，注意用火焰封锁试管口，防止杂菌侵入。使用消毒过的接种钩取分割好的菌块放入原种瓶内，确保数量适当。整个操作要在无菌条件下进行，以保证接种的质量。

2）栽培种接种。在接种前，要仔细检查原种，确保没有杂菌污染。接种时需打开原种封口，灼烧瓶口和接种工具，并剥去原种表面的菌皮和老化菌种。如果是双人接种，分工明确。接种的菌种不可扒得太碎，最好呈蚕豆粒或核桃粒状，以促进发菌。接种后要迅速封好瓶口。对于接种数量，要控制在合理范围内，避免过多。接种结束后，需要及时整理和清理工作区，并用5%石炭酸水溶液进行消毒，最后关闭接种室门以维持清洁环境。

4.培养

（1）培养室消毒。在接种后的菌瓶（袋）进入培养室之前，须对培养室实施严格的消毒灭菌处理。

（2）菌种培养。在培养初期，原种和栽培种的温度需在25~28℃之间。随着培养的进行，在中后期需要将温度降低2~3℃，以应对菌丝生长旺盛释放的热量。过高的温度可能导致菌丝生长纤弱和老化。在菌种培养25~30天后，采取降温措施，帮助减缓菌丝的生长速度，促进整齐、健壮的菌丝发展。在30~40天后，可以稍微降低温度，进行缓冲培养，使菌种进一步成熟。

（3）为了防止污染扩散，接种后的7~10天内，每隔2~3天需要逐瓶检查培养瓶，一旦发现杂菌，要立即挑出，并将受影响的瓶子拿出培养室，进行妥善处理。值得注意的是，通过检查可以判断污染的来源，例如在培养料深部出现杂菌说明灭菌不彻底，而在表面出现杂菌则可能是在接种过程中某一环节未达到无菌操作的要求。

实训 6　食用菌母种生产及接种操作

一、实训目的
1.掌握食用菌母种生产流程及接种操作。
2.熟悉相关实验室设备的使用和操作方法。

二、实训设备及器件
热浸提设备、过滤器、琼脂溶化器、灭菌锅、恒温培养箱、接种箱（超净工作台）、酒精灯、试管及其他制种工具。

三、实训地点
实验室、食用菌栽培室、校外工厂化实训基地。

四、实训步骤及要求
1.认识母种生产设备

观察母种生产过程设备，记录设备种类、结构等相关信息。

2.考核母种生产设备功用、特点掌握情况

在实验室、食用菌栽培室、校外工厂化实训基地内，对主要母种生产设备的作用进行现场问答，并按考核要点记录。

3.母种培养基的配制

学员按照给定的马铃薯葡萄糖琼脂培养基、木腐菌种培养基、保藏菌种培养基的配方，进行培养基的准备和分装。

4.灭菌及斜面摆放

学员学习并操作灭菌锅，进行培养基的灭菌。掌握斜面培养基的摆放技巧，确保无菌条件。

5.母种接种

在超净工作台内，学员进行母种接种操作，包括清理接种室、清洗接种工具、消毒操作等。

6.培养

将接好的试管菌种放入恒温培养箱中培养，并定期进行污染检查。

五、实训分析与总结
熟悉食用菌母种生产设备的作用和特点，能够安全熟练操作常用设备。通过实际操作和考核，学员对母种生产流程和相关设备有了更深入的了解，同时提高了操作技能。总结实训经验，加强对设备操作的理解，为今后的食用菌制种工作提供基础。

【评分标准】

考核内容要求	考核标准（合格等级）
1. 观察、操作态度认真 2. 使用符合操作规程	A. 观察认真、识别及记录准确，能够安全操作主要制种设备，识别准确率90%以上。 B. 观察较认真、识别及记录较准确，能够安全操作大部分主要制种设备，识别准确率70%以上。 C. 观察不太认真、识别及记录一般准确，能够安全操作部分主要制种设备，识别准确率50%以上。 D. 观察不认真、识别及记录不准确，不能够安全操作主要制种设备，识别准确率30%以上。

母种培养基制备详细视频讲解见资源2-2。

资源 2-2

任务四　液体菌种制作

【知识目标】

掌握食用菌液体菌种制作技术。

【技能目标】

能够熟练制作食用菌液体菌种。

近年来，液体菌种制备成为食用菌生产领域的研发热点，众多液体发酵设备和生产厂家出现。该技术广泛应用于平菇、真姬菇、双孢蘑菇等食用菌生产，并显著降低了生产成本、缩短了生产周期、提高了菌种质量。国际范围内,中国、日本、韩国等地的食用菌工厂普遍采用液体菌种技术。

一、液体菌种的特点

1.优点

(1)采用液体菌种的优势在于其菌丝体细胞始终处于最佳条件下,加速增殖,制种速度快,短时间内获得大量菌球。液体菌种接种后分布均匀,发菌速度加快,使得出菇更为集中,缩短了栽培周期。这提高了生产效率,降低了成本。

(2)液体菌种在培养罐中营养充足、环境稳定,确保生长废气迅速排出。由此,液体菌体保持旺盛生长、强大菌丝活力及一致菌龄。

(3)液体菌种由于其流动性和多点萌发的特性,使得接入后容易分散,且在适宜条件下菌丝迅速布满接种面。

(4)液体菌种制备的成本相对较低,一罐菌种的制备成本大约在10元,而每罐菌种可接种4000~5000袋,因此,每袋菌种的成本在0.3分钱以下。

2.缺点

(1)液体菌种的特点之一是其储存时间较短,一般在制备完成后应尽快投入栽培生产,不适宜长时间存放。即使在低温条件(2~4℃)下,储存时间也不推荐超过1周。

(2)液体菌种适应规模化生产,但我国食用菌生产以散户为主,投资和技术较低,导致固体菌种更广泛应用。因此,液体菌种在我国适应范围较窄。

(3)液体菌种的生产需要专门的设施,对操作技术要求非常高。由于液体菌种一旦受到污染可能导致整批受影响,因此必须严格执行清洗、排空、空罐灭菌等操作步骤。

(4)液体菌种由于其液体中速效营养成分较高,容易受到生料或发酵料中病原较多的影响,播后极易受到杂菌污染。因此,液体菌种更适用于熟料栽培,限制了其应用范围。

二、液体菌种的生产

1.液体菌种生产环境

(1)液体菌种生产场所的选择需要满足一系列条件,包括远离污染源、交通方便、水源和电源充足,以及具备硬质路面和良好排水的道路。

(2)液体菌种生产车间的地面要求防水、防腐蚀、防渗漏、防滑、易清洗,并具备适当的排水坡度和排水系统。墙壁和天花板也需要具备防潮、防霉、防水、易清洗的特性,以确保生产环境的清洁和卫生。

(3)液体菌种接种间需有缓冲间、更衣室、洗手、消毒、干手设施,废物处理、排风设备,防蚊蝇纱网,以确保卫生和环境清洁,避免昆虫进入。

2.生产设施设备

(1)为保障液体菌种生产流程顺利,生产设施如配料间、发菌间、冷却间、接种间、培养室及检测室应相互配套且布局合理。同时,配备调温设施以保证各阶段适宜温度。

(2)液体菌种生产所需设备包括培养器、接种器、灭菌设备等多种工具,其中,关键设备应符合国家相关标准,通过政府检验合格。

3.液体培养基制作

(1)罐体夹层加水的步骤包括连接水管、打开夹层放水阀,并确保加水量在放水阀开始出水时停止。

(2)液体培养基(120升)需玉米粉0.75kg、豆粉0.5kg,均过80目筛。先用温水拌匀粉状物,无结块。导入罐体至80%容量,加入20mL消泡剂,紧固接种口螺钉。

液体培养基灭菌操作:

1)调整控温箱至125℃,加热罐体,夹层出水阀打开以释放真空和多余水分。

2)气动搅拌:温度低于70℃,启动空气压缩机,开启进气阀、出气阀,关闭放气阀,搅拌培养基。

3)关闭气泵:培养基达70℃,关闭气泵,关闭进气阀,打开放气阀,主管接空气过滤器出气阀。

4）灭菌：排出热蒸汽 3~5 分钟，夹层压力降至 0.05 兆帕，打开出气阀、进气阀，稍微开启放气阀，保持 30~40 分钟。

5）降温：调整至 25℃，关闭加热棒，进气阀，出气阀，使用酒精棉球烧出气阀，释放蒸汽，接回主管。

6）放夹层热水：打开出气阀，进气阀，稍微开启放气阀，排出夹层热水，直至压力表显示 0。

（4）冷却

通过夹层进水阀和硅胶软管实现罐体的冷却，同时要注意罐体压力的控制。当罐体压力下降至 0.05 兆帕时，需要启动气泵，以防止罐体负压导致污染，并通过调整罐体放气阀来保持压力在 0 以上。在启动气泵的过程中，按照特定的顺序操作空气过滤器的放气阀和出气阀，以确保正常的气泵运行。最终目标是等待罐体温度降至 28℃ 以下，为接种操作做好准备。

4.接种

（1）固体专用种。培养液体菌种固体专用种，需按特定配方准备培养基，包括 40 目筛木屑、麸皮、石膏及适量水。混合均匀后，装入三角瓶高压灭菌。接着，接入液体菌种母种，置于洁净环境培养至菌丝覆盖培养基表面，以支持后续液体菌种培养。

（2）制备无菌水。将 1000ml 三角瓶注 500~600ml 自来水，用高压灭菌锅在 121℃、0.12 兆帕下保持 30 分钟。冷却后得无菌水。

（3）固体专用种并瓶。

1）接种用具：酒精灯、75%酒精、尖嘴镊子、接种工具和棉球。

2）消毒：对旋转固体专用三角瓶壁用酒精灯火焰全面消毒，确保无菌环境。将消毒三角瓶、接种工具及无菌水放入接种箱或超净工作台，再次全面消毒，保证培养过程纯净。

3）接种：接种操作前需进行 20 分钟全面消毒。用 75%酒精棉球清洁手部，并用酒精灯火焰对接种工具进行灭菌。接着，去除三角瓶固体专用种的表层，搅碎下部分并分批加入无菌水。摇动三角瓶使菌种与无菌水充分接触，静置 10 分钟后，在酒精灯火焰保护下将接种液接入罐体。

（4）菌种接入罐体。

1）制作火焰圈：铁丝圈缠绕纱布，蘸95%酒精。

2）接种：接种操作：打开罐体放气阀至压力为0，火焰圈套接种口并点燃，关闭放气阀，打开接种口，稳定轻柔接入菌种，紧拧接种口螺钉。

5.液体菌种培养

通过利用气泵充气和调整放气阀，保持罐体压力表在0.02～0.03兆帕、温度在24～26℃以及通气量为1∶0.8的条件下，进行液体菌种的培养。在这样的培养条件下，经过5～6天的时间，液体菌种能够达到预期的培养指标。

6.液体菌种检测

接种后第4天，使用酒精火焰灼烧取样阀，弃掉初流液体，封口并放入灭菌三角瓶中，棉塞塞紧并烧干。将样品带入接种箱，接入试管斜面或培养皿培养基，放入28℃恒温箱培养2～5天。观察菌丝生长和杂菌污染情况。若无杂菌污染，表明样品清洁。菌种检测应在培养结束前完成。

三、放罐接种

1.液体菌种接种器消毒

液体接种器在使用前需经过高压灭菌处理。

2.接种

待接种栽培瓶经输送带至无菌区，用接种器将液体菌种注入，每接种点15～30mL。

四、保藏

完成液体菌种生产后，应迅速应用于菌种生产或栽培袋接种。如果由于某些原因不能立即使用，需要进行降温、保压处理。通过通入无菌空气，保持罐压在0.02～0.04兆帕的情况下，在降温的处理下，将液温维持在6～10℃，可保藏3天。当液温在11～15℃时，可保藏2天。

五、液体菌种应用前景

液体菌种在接入固体培养基时表现出流动性强、易分散、萌发快、发菌点多等特点。这些特性有效解决了传统接种过程中萌发缓慢、易受污染的问题，使得液体菌种更适合用于工厂化生产。不仅如此，液体菌种没有分级的限制，既可以作为母种生产原种，也可以直接应用于栽培生产。

液体菌种在食用菌产业中的应用推动了产业的转型升级。传统生产方式复杂、周期长、成本高，且依赖经验和劳动力。而液体菌种的引入实现了自动化、标准化和规模化生产，提高了效率。这一变革使产业向更高效、现代化发展。

实训 7　液体菌种的生产

一、实训目的

1.掌握液体菌种生产的基本原理和流程。

2.熟悉液体菌种生产所需环境和设备。

3.能够安全、独立操作主要液体菌种生产设备。

二、实训设备及器件

主要液体菌种生产设备：液体菌种培养器、液体菌种接种器、高压蒸汽灭菌锅、蒸汽锅炉、超净工作台、接种箱、恒温摇床、恒温培养箱、冰箱、显微镜、磁力搅拌机、磅程、天平、酸度计等。

三、实训地点

实验室、液体菌种生产车间、校外液体培养基实训基地。

四、实训步骤及要求

1.认识制种设备

观察液体菌种生产设备，了解其种类和结构。记录观察到的制种设备，并根据要求进行详细记录。

2.考核制种设备功用、特点

在实验室、生产车间、实训基地内，进行主要制种设备作用的现场问答。

3.主要制种设备的操作

学员进行主要制种设备的实际操作，包括液体菌种培养器、接种器、灭菌锅等。操作过程中要求独立完成,注意安全操作规程。

4.制作制种流程图

学员根据所学内容,制作液体菌种生产的流程图。

在流程图上标注主要设备及用具,突出关键步骤。

五、实训分析与总结

学员应总结液体菌种生产设备的作用、特点,并能就设备的选择和操作提出建议。着重强调安全操作的重要性,以及如何在实际工作中更好地利用所学知识。

【评分标准】

考核内容要求	考核标准(合格等级)
1. 观察、操作态度认真 2. 使用符合操作规程	A. 观察认真、识别及记录准确,能够安全操作主要制种设备,识别准确率90%以上。 B. 观察较认真、识别及记录较准确,能够安全操作大部分主要制种设备,识别准确率70%以上。 C. 观察不太认真、识别及记录一般准确,能够安全操作部分主要制种设备,识别准确率50%以上。 D. 观察不认真、识别及记录不准确,不能够安全操作主要制种设备,识别准确率30%以上。

认识液体菌种生产设备详细视频讲解见资源2-3。

资源2-3

液体菌种生产详细视频讲解见资源2-4。

资源2-4

任务五　菌种生产中的注意事项和常见问题

【知识目标】
了解掌握食用菌菌种生产中的注意事项和常见问题。
【技能目标】
能够识别菌种生产中的异常情况并做出原因分析。

一、母种制作、使用中的异常情况和原因分析

1.母种培养基凝固不良

当母种培养基在制备过程中出现凝固不良的情况时，可以按照以下步骤进行分析。首先，检查琼脂的用量和质量，确保没有问题。如果琼脂正常，可以检测培养基的酸碱度，过酸可能导致凝固不良，此时可以考虑适当增加琼脂的用量。此外，过长时间的火焰处理也可能是凝固不良的原因。最后，要考虑称量工具的准确性，建议购买来自正规厂家或专业商店的称量工具。

2.母种不萌发

母种不萌发可能有多种原因。首先，菌种在低温下保藏可能导致菌丝冻死或失去活力。检测菌种活力的方法是通过转接试管进行培养观察，使用不同时间制备的培养基。其次，菌龄过老可能导致生活力衰弱。接种操作中，母种块受到接种铲或酒精灯火焰的损伤。此外，母种块未贴紧原种培养基，导致菌丝萌发后缺乏营养而死亡。接种块因太薄或太小而干燥也是一个可能的原因。最后，母种培养基过干可能使菌丝无法活化，无法吸收营养生长。

3.发菌不良

母种发菌不良表现多样，包括生长缓慢、生长过快但菌丝稀疏、生长不均匀、菌丝不饱满和色泽灰暗等。发菌不良的主要原因涉及培养基干缩、菌丝老化、品种退化、培养温度不适宜、棉塞过紧，以及接种箱中或培养环境中残留有毒气体（如甲醛）等因素。

4.杂菌污染

杂菌污染的原因包括：

（1）培养基灭菌不彻底，高压灭菌锅不合格，接种时感染杂菌，接种箱或超净工作台灭菌不彻底，操作不规范等因素。

（2）菌种自身可能带有杂菌，需要仔细检查是否有污染现象，如明显的黑色、绿色、黄色等菌落，以及在气生菌丝下面的黄褐色圆点或不规则斑块。

（3）被污染的菌种绝不能用于扩大生产。

5.母种制作和使用过程中应注意的事项

（1）使用培养基前需进行无菌检查，通过48小时恒温箱培养确认。制备好的培养基要及时使用，避免长期存储，以免影响品质。这些措施确保培养基质量，维护生理特性，为微生物培养提供良好基础。

（2）在生产前，对母种进行出菇鉴定关键。包括自行分离或引入的菌种。鉴定全面考虑生产、遗传和经济性状。选择母种需谨慎，不当可能导致生产损失。

（3）在保藏优良母种时，应避免频繁转管，以防菌丝受损及条件变化影响其活力。过多转管可能导致菌丝活力下降、遗传性状改变，进而降低出菇率及子实体形成能力。首次转管可适量扩转，并采用不同方法保藏。需时可取出大量繁殖作生产母种。一般认为，经3~4次代传后，母种需用分离法复壮以保持优良性能。

（4）母种制备需遵循无菌操作规程，标明标签，详记菌种信息如名称（或编号）、接种日期及转管次数。注意在同时接种多菌种时避免混杂。母种保藏专人负责，建"菌种档案"，包括名称、菌株代号、来源、转管时间及次数、生产使用情况等。

（5）在取出冰箱中保藏的母种时，务必认真检查试管上的标签或标记。绝对不能使用没有标记或判断不准确的菌种，以免误用菌种造成更大的损失。

（6）在选择母种时，应首先选择菌龄较小的母种进行接种，以确保较好的生活力和活力。同时，避免使用培养基已经干缩或开始干缩的母种，因为这可能影响菌种的成活能力，甚至导致生产性状的退化。

（7）对于保藏时间较长、菌龄较老或存活性存疑的菌种，可以采用分阶段扩大培养的方法。首先,接若干管进行培养,待新斜面上生长完全后,再利用经过活化的斜面进行进一步扩大培养。

(8)在接种前,必须认真检查保藏的母种是否受到污染。绿色、黄色、黑色的菌落明显表示真菌污染,管口内的棉塞容易吸潮生霉,可能在低温条件下不易察觉。通过将斜面放在向光处观察,发现气生菌丝下有黄褐色圆形或不定形斑块表示混有细菌。一旦发现污染,已经受到污染的母种不能用于扩大培养。

(9)对于在冰箱中长期保藏的菌种,取出后应进行活化培养。在活化培养过程中,需要逐步提高培养温度,一般活化培养时间为2~3天。如果保存时间超过3个月,最好进行一次转管培养,以提高接种成功率和萌发速度。

(10)为了加快菌种定植速度,需要认真安排好菌种生产计划,使菌丝在斜面上长满后立即用于原种生产。如果不能及时使用,应在斜面长满后,及时用玻璃纸或硫酸纸包好,然后将其置于低温避光处进行保藏。

二、原种、栽培种制作与使用中的异常情况和原因分析

1.接种物萌发不正常

种物萌发不正常主要表现为不萌发、萌发缓慢或菌丝纤细无力、扩展缓慢两种情况。分析思路应包括培养温度、培养基含水量、培养基原料质量、灭菌过程和效果以及母种等几个方面。不正常萌发可能是以上几个方面因素中的一个,甚至可能是多因子共同影响的结果。

(1)过高温度影响接种物萌发与生长。

(2)含水量过低的菌种瓶(袋)中的接种物容易出现变干枯而死亡的问题。即使在拌料时添加了足够的水量,如果拌料不均匀,就可能导致培养基含水量不一致。

(3)培养基原料在霉变期可能含有大量有害物质,这些物质具有很强的耐热性,高温下难以分解变性,甚至在高压高温灭菌后仍保留毒性,可能导致接种后菌种不萌发。为了确定这一因素,可以将培养基和接种块分别置于PDA培养基斜面上,在适宜温度下培养,观察是否出现杂菌,以及接种块是

否正常萌发和生长。

（4）灭菌不彻底可能导致培养基中存在无肉眼可见的菌落，尤其在含水量过大的瓶（袋）壁上或在培养基颗粒间可能观察到灰白色的菌膜。对于大多数食用菌来说，在存在细菌的基质中难以正常萌发和生长。为了检查是否存在细菌的问题，可以在无菌条件下取出菌种和培养料，接种于PDA培养基斜面上，于适宜温度下培养，24~28小时后检查，观察是否有细菌菌落长出。

（5）为确保食用菌生产的效果，菌种生产者应当使用适当菌龄的母种。通常，食用菌母种的最佳菌龄为长满斜面后的1~5天。对于栽培种，最佳原种菌龄应在长满瓶（袋）内的14天之内。在计划周密的情况下，可以实现母种和原种生产、原种和栽培种的生产紧密衔接。如果母种在长满斜面后1周内不能使用，应及早将其置于4~6℃下进行保藏。

2.发菌不良

原种、栽培种发菌不良表现为生长缓慢或过快但菌丝细疏、不均匀、不饱满、色泽灰暗等。原因主要有以下几点：

（1）酸碱度是否适当。如果发现发菌不良的菌种瓶（袋），可以将其培养基挖出，并使用pH试纸进行测试。

（2）在食用菌原种和栽培种的培养基制备中，主要使用阔叶木屑、棉籽壳、玉米粉、豆秸粉等作为主要原料。然而，如果培养基中混有如松、杉、柏、樟和桉等树种的木屑，或者原料出现霉变迹象，可能会对菌种的发菌产生负面影响。

（3）存在于培养基中肉眼看不见的细菌可能会对食用菌菌种的菌丝生长产生严重影响。尽管有些食用菌在培养料中残留细菌的情况下仍能生长，但平菇菌种可能表现为外观异常，包括菌丝纤细稀疏、干瘪不饱满、色泽灰暗等。如果不慎使用后期菌丝变浓密的菌种用来扩大栽培种，可能会导致批量污染的情况发生。

（4）水分含量过多或过少的培养料都可能导致食用菌发菌不良。特别是含水量过大时，培养料中氧气含量显著减少，将对菌种的生长产生严重影响。在这种情况下，菌丝生长可能在长至瓶（袋）中下部后变得缓慢，甚至停止生长。

（5）当培养室温度与空气相对湿度过高，且培养密度大时，可能导致环境的空气流通交换不够。这不足的气体交换会影响菌种对氧气的供给，导致菌种缺氧，从而导致生长受阻。在这种环境下，菌种的外观可能表现为色泽灰暗、干瘪无力。

（6）虫害现象可能导致某些区域内的菌丝分布稀疏或完全缺失。

3.杂菌污染

通常，食用菌污染率在5%以下，规范操作下可降至1%～2%。超出此范围，需查找原因并控制。

（1）灭菌不彻底导致的污染特点。污染率高、发生早，部位不规则，上下各部均有杂菌。污染出现时间在培养3～5天。影响灭菌效果的因素包括：

1）培养基的原料性质对灭菌时间有影响，添加高含量的糖、脂肪和蛋白质的培养基灭菌时间相对较长，而含水量较高的培养基也需较长时间。

2）培养基的含水量和均匀度影响灭菌效果，充分预湿和均匀搅拌有助于灭菌的迅速彻底。

3）使用不同容器，如玻璃瓶和塑料袋，可能影响灭菌时间，玻璃瓶的灭菌时间较长。

4）不同的灭菌方法，如高压灭菌和常压灭菌，对不同类型的培养基有不同的适用性，高压灭菌常用于各种培养基的灭菌。

5）灭菌容量、灭菌锅的设备匹配以及堆放方式也会影响灭菌效果，要注意锅炉汽化量与锅体容积的匹配，以及堆放方式的合理安排

（2）封盖不严的问题主要在使用罐头瓶或塑料袋作为容器的菌种中出现。特别是聚丙烯塑料在高温灭菌后变得较脆弱，搬运过程中容易受到摩擦，导致容器口部或折角处磨破，形成难以肉眼察觉的沙眼，进而造成局部污染。

（3）接种物本身带有杂菌污染可能导致在新的培养基上出现大面积的污染。这种污染的特点是杂菌从菌种块上长出，污染的杂菌种类相对一致，早期就能够肉眼鉴别。为了控制这种污染，关键在于保证种源的质量，对母种和原种要进行跟踪检查，及时剔除污染个体，在其下一级菌种生产的接种前再次检查，以确保质量。

（4）设备设施过于简陋可能导致灭菌后无菌状态的改变，尤其在简易菌

种场和自制菌种的情况下更为突出。由于冷却和接种环境未能达到高度洁净无菌的状态，种瓶和种袋在冷却过程中容易受到污染。在冷却过程中，环境中的灰尘和杂菌孢子可能附着在种瓶或种袋表面，影响其无菌状态。为确保质量，建议进行专业、规模和规范的生产。

（5）接种操作造成的污染主要分散在接种口处，相比接种物带菌和灭菌不彻底造成的污染，其发生稍晚，一般在接种后约7天左右。为了减少这种污染，需格外注意以下几个技术环节。

1）在进行灭菌操作时，要特别注意防止棉塞受潮。为此，应确保棉塞不与锅壁直接接触，特别是向上摆放时要用牛皮纸包扎。在灭菌完成后，采取自然冷却的方式，并在冷却至一定程度后逐步打开锅门，以充分利用余热帮助棉塞上的水汽蒸发，防止其过快潮湿。

2）为保证冷却规范，特别是在菌种场冷却室，需保持无菌，避免空气中的尘土。灭菌后的种瓶、袋不直接接触地面，可在冷却室地面铺灭菌麻袋、布垫或高锰酸钾/石灰水浸泡的塑料薄膜。使用前，用紫外线灯与喷雾进行空气消毒，确保无菌环境。

3）接种室和接种箱需彻底消毒。接种室需光滑墙壁、洁净地面、严密封闭。提前一天处理被接种物、菌种、工具，放入后用苏儿喷雾和气雾消毒。接种箱要保持密闭，清理后放入相关物品，接种前30～50分钟全面消毒（气雾、臭氧）。

4）操作员需穿专用衣帽。接种人员衣帽需定期洗，不可放置室外，维持清洁。进入接种室前，须洗手，操作前用消毒剂全面消毒双手。

5）在接种过程中，需严格执行无菌操作。操作人员应减少走动、搬动和交谈，降低空气振动与流动，减小污染风险。此外，采用小而迅速的动作也有助于降低污染可能性。

6）接种操作应在酒精灯火焰上方进行，仅在此小范围内能实现绝对无菌。所有步骤（开盖、取种、接种、盖盖）均需在此完成，紧密协作以确保操作顺利。

7）拔棉塞应避免直线上拔，宜用旋转缓劲。防止瓶内负压，避免空气带杂菌。

8）备干燥棉塞应对湿塞，用塑料袋包好与菌瓶一同灭菌。若棉塞湿，立即换新备棉塞，确保实验顺利进行。

9）接种前做好准备工作。接种时采取批量完成方式，不间断，保证操作连贯准确。

10）接种室消毒后，应控制接种量。建议接种室接种量不超过200瓶，接种箱不超过100瓶。

11）严禁将非无菌物品放入无菌容器。接种操作中，若工具如接种钩、镊子等触及非无菌表面，如试管、种瓶外壁、操作台等，需重新火焰灼烧灭菌后方可使用。掉落的棉塞、瓶盖等不可使用。

（6）微生物培养污染主要由不洁、高湿环境引发。污染率在接种后较低，但随着培养时间增加而升高。10天后，菌落污染加重，甚至菌丝覆盖培养基表面，污染菌落出现在瓶壁附近。这种情况在湿度高、灰尘多、洁净度低的培养室中更易发生。

4.原种、栽培种制作的注意事项

（1）食用菌菌丝体生长与培养基含水量密切相关，适宜含水量为60%~65%。手握培养料，手指缝中有水滴1~2滴为宜。过干或过湿均会影响菌丝生长。

（2）食用菌生长发育对培养基pH有特定要求。木腐菌适偏酸性（4~6），粪草菌需中性或偏碱性（7~7.2）。灭菌可能导致pH下降，故灭菌前培养基pH应略高于指定值。如酸碱度不符，可用1%过磷酸钙或石灰水调节。

（3）培养料装瓶紧度对食用菌生长有重要影响。过松导致菌丝细长、无力、生长稀疏；过紧导致通气不良、菌丝发育困难。原种培养料紧、浅，约占瓶深3/4；栽培种培养料松、深，可装至瓶颈以下。插入捣木或接种棒形成圆洞，增加瓶内氧气、促进菌丝蔓延、固定菌种块。

（4）培养基需立即灭菌，高温季节更需注意。过夜存放严禁，以防微生物导致酸败，影响菌丝生长。

（5）严格检菌种纯度和生活力，观察拮抗线、杂菌侵染，注意培养基干缩、黄褐色分泌物及菌丝生长情况。未标签菌种不宜用于生产。

（6）菌种满瓶后要及时使用。二级种满瓶后7~8天适合扩转三级种，三级种满瓶 7～15 天适合接种。未及时使用应妥善保藏于凉爽、干燥、清洁、避光的室内。低温保藏时，二级种不超过 3 个月，三级种不超过 2 个月，室温下时间缩短。

5.菌种杂菌污染的综合控制

关键在于引进信誉良好的母种，通过菇试验验证，实行一代使用、试验一代、保藏一代的原则。此外，科学规划良好的厂区布局和配置专业设施、设备，遵循严格的技术规程，挑选纯度高的菌种，提高从业人员的专业素质，保持生产场地的清洁状态，建立技术管理规章制度，都是综合控制菌种杂菌污染的有效措施。

实训 8　母种制作与使用异常情况分析

一、实训目的

1.了解母种制作和使用中可能出现的异常情况。

2.学习分析母种异常情况的原因，并掌握相应的解决方法。

二、实训设备及器件

母种培养基、琼脂、pH 试纸、灭菌锅、称量工具、试管、恒温箱、冰箱等。

三、实训地点

实验室。

四、实训步骤及要求

1.母种培养基凝固不良情况分析

学员按照步骤检查培养基组分中琼脂的用量和质量，使用 pH 试纸检测酸碱度，了解火焰时间对凝固的影响。

分析原因：讨论琼脂用量是否准确、酸碱度是否合适、火焰时间是否过长，以及称量工具准确性等。

解决方法：根据分析结果提出合理的解决方案。

2.母种不萌发情况分析

学员查找菌种不萌发的可能原因，包括菌种在 0℃以下保藏、菌龄过老、接种操作不当等。

分析原因：学员讨论可能导致不萌发的各种情况，着重检查保存温度、菌种活力和接种操作等。

解决方法：根据分析提出解决方案，包括合适的保藏温度、合理的母种选择和规范的接种操作。

3.发菌不良情况分析

学员分析母种发菌不良的表现，包括生长缓慢、稀疏、不均匀、色泽灰暗等。

分析原因：讨论可能导致发菌不良的原因，包括培养基干缩、菌丝老化、培养温度不适宜等。

解决方法：提出解决方案，如调整培养条件、使用新鲜培养基等。

4.杂菌污染情况分析

学员分析引起杂菌污染的可能原因，包括培养基灭菌不彻底、接种时感染杂菌、菌种自身带有杂菌等。

分析原因：讨论各种可能导致污染的情况，如灭菌过程、操作规范等。

解决方法：提出相应解决方案，改善培养基灭菌流程，规范接种操作。

五、实训分析与总结

通过对母种制作和使用中的异常情况进行分析，学员应能够识别问题、分析原因并提出解决方案。总结实训过程中的经验教训，为今后的母种制作和使用提供指导。

【评分标准】

考核内容要求	考核标准（合格等级）
1.观察、操作态度认真 2.提出解决方案	A.观察认真，能准确分析凝固不良的原因，并提出合理的解决方案。 B.观察较认真，能较准确分析凝固不良的原因，提出一定的解决方案。 C.观察不太认真，能简要分析凝固不良的原因，提出初步的解决思路。 D.观察不认真，未能明确分析凝固不良的原因，缺乏解决的方案。

项目三　黑木耳生产技术

任务一　黑木耳生产基础

【知识目标】
1. 了解黑木耳发展概况。
2. 明确黑木耳生产特点。
3. 掌握黑木耳的生活条件。

【技能目标】
熟练掌握黑木耳生活条件指标及调控。

黑木耳［学名：Auricularia auricula （L.） Underw.］，又被称为木耳、光木耳、细木耳等，它属于真菌界的担子菌门，层菌纲，木耳目，木耳科，木耳属。

中国的黑木耳广泛分布于20多个省（区、市），主产区包括湖北、河南、黑龙江、吉林、陕西、湖南、福建、浙江、四川等。作为全球最主要的黑木耳生产国，中国在2008年的总产量达到190万吨，占据了世界总产的96%。除了满足国内市场需求外，中国的黑木耳还远销至日本、泰国、印度尼西亚、菲律宾等国，并逐渐拓展销售市场到西欧、北美等地。

黑木耳不仅口感细腻、脆滑爽口，而且具有极高的营养价值。每100g黑木耳干品含有12.1g蛋白质、1.5g脂肪、35.7g碳水化合物、29.9g粗纤维、5.3g灰分。此外，黑木耳富含多种维生素和18种氨基酸，其中包括人体必需的8种氨基酸。其全面而丰富的营养价值使其享有"素中之荤"的美誉。

黑木耳还具有较高的药用价值。作为胶质菌，其胶质成分有强烈纤维素吸附能力，含有丰富的纤维素酶，有助于清理胃肠，润肺。长期食用对纺织工、矿工等人群有益。此外，黑木耳含核苷酸类物质，可降低胆固醇，多糖成分具抗肿瘤活性，对防治心脏冠状动脉疾病有效。

黑木耳栽培在中国有着悠久的历史，起源于公元 600 年，至今已有 1400 多年的发展。在清代时，湖北、四川等地开始大规模进行黑木耳的段木栽培。20 世纪 50 年代，中国科技工作者成功培育了黑木耳菌丝体菌种，并广泛应用于生产。随后，20 世纪 70 年代，我国开始研究黑木耳袋料栽培，成功利用代用料如木屑、棉籽壳等进行黑木耳的栽培，并在全国范围推广应用。

一、形态结构

（一）菌丝体

黑木耳菌丝体呈无色透明，由多个管状细胞连接而成，呈纤细状，且粗细不匀，常出现根状分枝。具有锁状联合的双核菌丝特征。在 PDA 培养基上，黑木耳菌丝体呈白色，绒毛状，气生菌丝较为弱。

（二）子实体

黑木耳子实体具有胶质质地，呈浅圆盘形、耳形或不规则形状。子实体宽 2~14 cm，厚 0.1~0.2 cm，新鲜时软有弹性，干后变为角质、硬而脆。子实层生腹凹面，光滑或略有皱纹，呈红褐色或棕褐色，干后变深褐色或黑褐色，背面有短毛，呈青褐色。担子呈柱形，细长，有 3 个横隔，大小为（50~65）μm ×（3.5~5.5）μm。孢子为无色、光滑、常弯曲，呈腊肠形，大小为（9~17.5）μm ×（5~7.5）μm。

二、生长发育条件

（一）营养条件

1.碳源

黑木耳生长的最适碳源为葡萄糖和蔗糖等低分子碳水化合物，这些碳源可以直接被菌丝吸收和利用。与此同时，培养料中富含大量木质素、纤维素、半纤维素和淀粉等高分子化合物，这些成分是黑木耳主要利用的碳源。

2.氮源

黑木耳氮源包括有机氮（如氨基酸、多肽、蛋白、尿素）和无机氮（如铵盐、硝酸盐）。生产中，可添加麦麸、米糠、玉米粉等富含氮营养基质补充氮源，添加量≤20%。尿素也可作补充氮源，但添加量＜0.5%。适宜碳氮比：菌丝生长 20:1，子实体生长（30～40）：1。

3.矿物质元素

黑木耳在生长过程中对磷、钾、钙、镁、硫等大量元素的需求较大。为满足这些需求，培养料通常添加 1%～2% 的石膏、0.1%～0.2% 的磷酸二氢钾、0.03% 的硫酸镁等。此外，黑木耳还需要少量的铁、铜、锰、锌、钴、钼、硼等微量元素，这些元素在培养料与水中已有，通常无需额外添加。

4.生长因子

黑木耳生长因子包括维生素、核苷酸等，麦麸或米糠富含生长因子。栽培过程中无需额外补充。

（二）环境条件

1.温度

黑木耳，中温型菌类，生长发育阶段对温度有不同需求。担孢子 22～32℃可萌发，菌丝 6～36℃可生长，最佳分别为 22～28℃。子实体分化发育 15～27℃，最佳 20～24℃。黑木耳恒温结实，耳基形成无需温差刺激。

2.水分和空气相对湿度

在黑木耳袋料栽培中，保持培养料含水量约 60%，控制空气湿度在不同生长阶段有所差异。菌丝生长阶段<70%，原基分化阶段80%～85%，子实体生长发育阶段85%～90%。采用干湿交替水分管理，有助于优质高产。

3.空气

黑木耳是好气性真菌，生产需注意通风。春季栽培需加温，煤炉加温需装排气管。保持耳场空气清新，防烂耳和病虫害。

4.光线

黑木耳菌丝体在黑暗或微弱散射光下可正常生长。光线过强会导致过早形成耳基，影响产量质量，发菌时应避光。子实体分化和发育阶段需适量散射光，黑暗中难形成子实体。光线充足时，可生长黑肉厚子实体；微弱光照下，耳片淡褐或白色，体积小薄，产量低，质量差。

5.酸碱度

黑木耳菌丝体偏好微酸性环境，适宜生长pH4～7，最优为5.0～6.5。

实训9　黑木耳环境条件调控

一、实训目的

1.掌握黑木耳环境调控的理论基础。

2.能够进行黑木耳生产中环境调控措施。

二、实训设备及器件

智慧农业环境控制系统、自记温湿度仪、照度计、气体测试仪、PH检测仪、记录表。

三、实训地点

食用菌栽培室，生产示范基地。

四、实训步骤及要求

1.环境监测

观测食用菌栽培室、示范基地内温度、湿度、光照、二氧化碳浓度及培养基中PH数值，并根据要求记录。

2.数据整理

观测记录的数据进行整理。

3.数据对比

将记录整理的数据与智慧农业环境控制系统中数据进行比较，判定记录准确性。

4.根据数据结果，给出当前条件下，应如何进行环境调控。

五、实训分析与总结

黑木耳的生育环境条件至关重要，要明晰各阶段对环境条件的要求，并能够进行合理的调控管理。

【评分标准】

考核内容要求	考核标准（合格等级）
1.观测、记录态度认真 2.准确给出调控措施	A. 观测仪器指标认真，记录准确，能够与智慧系统无差异，做出的调控措施合理，可操作性强。 B. 观测仪器指标较认真，记录较准确，能够与智慧系统差异小，做出的调控措施较合理，能够进行操作。 C. 观测仪器指标不认真，记录缺乏准确性，与智慧系统差异大，做出的调控措施一般，可操作性一般。 D. 观测仪器指标不认真，记录不准确，与智慧系统差异明显，做出的调控措施不合理，无可操作性。

任务二　黑木耳生产技术

【知识目标】

1.了解黑木耳生产工艺。

2.掌握黑木耳生产技术。

【技能目标】

能够熟练掌握黑木耳生产技术。

一、栽培季节和生产周期

黑木耳的菌种生产周期大约为100天，其中母种生产需15~20天，原种约需40天，栽培种约需40天。在袋料栽培中，春季是较为理想的管理时期，通常在12月至翌年3月进行制袋接种，而出耳阶段则集中在4~6月。春季气温较低,污染率较低,有助于提高制种和制袋的成功率。

二、栽培技术

黑木耳的生长过程包括菌丝生长和子实体生长两个阶段,由于它们对环境条件的要求不同,因此在栽培过程中采用了两场制的方式。发菌场设在室内,要求通风良好且避光;而出菇场则需要靠近水源、通风良好、交通便利且环境整洁。

（一）培养料配方

	木屑	麦麸或米糠	玉米芯	蔗糖	黄豆粉	棉籽壳	石膏粉	水
1	78%	20%					1%	适量
2	58%	10%	30%		1%		1%	适量
3	46%	7%		1%		45%	1%	适量

图 3-1 培养料配方

选用无霉变阔叶树杂木屑,陈木屑优于新木屑,红褐色堆制木屑效果最佳。使用前过筛除大木柴棒,避免刺破料袋。提前拌水吸湿确保无白心。

（二）拌料

选择人工或机械拌料,确保充分拌匀,含水量约 60%,手握指缝有水但不滴,pH 值调至 7.0~7.5。

（三）装袋

培养料配好后,迅速装入低压高密度聚乙烯折角袋(15～17cm×33～35cm×0.004cm)。注意保持适当松紧,保障通气性。

（四）灭菌

一般采用常压蒸汽灭菌的方法。灭菌时应保持料温在 100 ℃以上,并持续 12 小时以上。实施"攻头、保尾、控中间"的策略,以确保培养料得到充分的灭菌。

（五）接种

在培养黑木耳的过程中，关键步骤包括将灭菌后的料袋迅速搬移到冷却室或接种室，并等待袋温下降到 28℃ 时开始接种。春季栽培时可能需要在 30℃ 左右时"抢温"接种。接种操作必须在无菌条件下进行，包括去掉菌种瓶的棉塞，灼烧瓶口，扒去老化的菌种，然后将大量的菌种接种在培养料表面，一般每瓶栽培种可接种 20～30 袋。

（六）发菌期管理

接种后的菌袋应及时移入发菌室，进行发菌管理。

（1）在接种后早期（1～5 天），调整室温至 28℃ 促菌丝萌发。菌丝占领料面后，将室温降至 25℃ 维持健壮生长。

（2）根据气温变化调整通风。高温时早晚通风，低温时中午通风。袋堆大密集、袋温高时，增加通风频率，保持适宜生长环境。

（3）注意保持发菌室空气湿度 70% 以下，避光培养，避免过强光线减缓菌丝生长，影响产量。

（4）定期进行空间消毒是关键的管理措施。建议每隔 7～10 天进行一次空间消毒，可以选择使用 0.2% 多菌灵或 0.1% 甲醛溶液喷洒，以有效降低杂菌密度。

（5）及时翻堆检查是关键。每隔 5～7 天翻堆，后隔 10 天再进行，保证发菌均匀。翻堆时检查杂菌污染，采取相应处理，如用酒精甲醛混合液处理微孔污染。严重污染菌袋需重新灭菌后接种，防止杂菌扩散。

（七）出耳期管理

当黑木耳菌丝充分生长至菌袋满载，实现生理成熟后，便可展开出耳管理。

1.菌袋摆放

在平整场地铺塑料薄膜，菌袋摆放间距 5cm。袋底打 3cm 孔，利于保湿。

2.菌袋打孔

在摆放黑木耳菌袋前,各菌袋表面打 60~80 个 0.5cm 深孔,摆放在塑料薄膜上。出耳场地大小按菌袋数量定,通常 1m² 可容纳 25 袋,667m² 面积放置约 10000 袋。

3.出耳期管理

在黑木耳生长期,合理的温度控制和湿度管理是关键。摆放好菌袋后,每天下午通过水泵和喷水带进行短暂的喷雾,同时要控制生长期温度在 20~24℃之间,避免高温。在每天傍晚进行喷雾,白天保持相对干燥,形成"干干湿湿、干湿交替"的环境,同时确保空气新鲜,有利于黑木耳的正常生长。

(八)采收

采收黑木耳需等待耳片舒展、耳基收缩,并观察子实体腹凹面略显白色孢子粉。采收时,握住耳蒂旋转摘下。

(九)后期管理

黑木耳的出耳管理采用打穴方式,每个穴只产生一潮耳,因此黑木耳的潮次不容易观察。一般情况下,当一袋上的木耳达到采收标准后,可以将其采下,而剩余的木耳会继续进行出耳管理,直至整个过程结束。

实训 10 黑木耳棚室挂袋生产技术管理

一、实训目的

1.掌握黑木耳棚室挂袋生产方法。

2.能够进行黑木耳棚室挂袋生产管理。

二、实训设备及器件

试验用大棚、黑木耳成熟菌袋、喷水设施、黑木耳采收、晾晒用具,记录表。

三、实训地点

生产示范基地。

四、实训步骤及要求

1.黑木耳挂袋大棚选址及建造

按设计要求进行黑木耳挂袋大棚选址及建造现场参观并讲解,并根据要求记录。

2.进行菌袋进棚前处理及开口催耳

通过参与菌袋进棚前处理及开口催耳操作,掌握标准及操作技巧。

3.出耳管理

根据环境条件控制标准,对棚室挂袋黑木耳进行出耳管理,包括出耳温度、干湿管理、棚室管理及适时采收、晾晒等。

4.根据数据、管理结果,给出评判。

五、实训分析与总结

黑木耳的棚室挂袋生产要素调控,并能够进行合理的出耳管理。

【评分标准】

考核内容要求	考核标准(合格等级)
1. 观测、记录态度认真 2. 准确进行出耳管理	A. 观测棚室、菌袋标准认真,记录准确,能够根据棚室特点适当管理,可操作性强。黑木耳单袋产量超过平均产量20%以上。 B. 观测棚室、菌袋标准较认真,记录较准确,基本能够根据棚室特点适当管理,可操作性较强。黑木耳单袋产量与平均产量持平。 C. 观测棚室、菌袋标准一般认真,记录大致准确,未能根据棚室特点适当管理,可操作性一般。黑木耳单袋产量低于平均20%以内。 D. 观测棚室、菌袋标准不认真,记录不准确,不能够根据棚室特点适当管理,可操作性强。黑木耳单袋产量低于平均20%以上。

黑木耳棚室挂袋生产技术详细视频讲解见资源3-1。

资源3-1

项目四　香菇生产技术

任务一　香菇生产基础

【知识目标】
1.了解香菇发展概况。
2.明确香菇生产特点。
3.掌握香菇生活条件。

【技能目标】
熟练掌握香菇生活条件指标及调控。

香菇［Lentinula edodes（Berk.）Pegler］是一种著名的食用菌。属于真菌中的担子菌门，层菌纲，伞菌目，侧耳科，香菇属。

香菇是一种营养丰富的食用菌，每100g干重含有水13g、脂肪1.8g、碳水化合物54g、粗纤维7.8g、灰分4.9g，同时富含钙、磷、铁，以及维生素B_1、维生素B_2、烟酸等。香菇是维生素D的丰富来源，其多糖有助于提高免疫功能。此外，香菇还在防治癌症、提高免疫力、治疗糖尿病、肺结核等方面表现出多种益处。香菇含有抑制癌细胞的成分，同时具有抗病毒能力，含有水溶性鲜味物质可作为食品调味品。

香菇的香味主要来自香菇酸分解生成的香菇精（lentionione），这使得香菇成为人们日常饮食中重要的食用、药用菌和调味品。

野生香菇自然分布于中国、日本、朝鲜和越南等国家，但如今在我国各省、区、直辖市都有香菇的栽培，主产区主要包括浙江、福建、河南、湖北等省。全球主要的香菇生产国家有中国、日本和韩国。

一、形态特征

（一）菌丝体

香菇的菌丝体呈白色，具有细胞壁薄的特点，粗度在 2 到 3 μm 之间。菌丝以绒毛状形态存在，有横隔和分枝，蔓延于枯木和培养基质内，通过吸收营养、分裂繁殖，形成相互交织的蛛网状结构。

（二）子实体

香菇子实体形状独特，呈伞状，菌盖圆形或不规则圆形，大小不一。初期，菌盖呈凸形，边缘内卷，逐渐变为扁半球形，最终平展，中央微凹。菌盖表面在生长过程中会出现白色菌膜，展开后逐渐撕裂，颜色受光线和菌龄影响呈现茶褐色或暗褐色，表面覆盖有深色鳞片，这些鳞片随着生长而逐渐消失。

菌柄是香菇子实体的支持结构，呈圆柱形，质地中实，长度 3~8 cm，直径 0.5~1 cm。菌柄上部呈白色，下部略近红色，且容易失去菌环。在菌褶部分，呈白色，柔软而密集，具有刀片状结构，由子实层和菌髓组成。

子实层是香菇子实体的主要生殖器官，含有紧密排列的担子。担子呈棒状，顶端有 4 个小梗，每个小梗上孕育一个担孢子。担孢子是无色的，呈椭圆形或卵圆形，含有一个单核细胞。整体上，香菇子实体在形态上表现出多样性和独特性，为其在食用和药用方面的应用提供了基础。

二、生长发育条件

（一）营养条件

1.碳源

香菇生长发育所需碳源主要来自有机物，可直接利用小分子糖类。大分子有机物如淀粉、木质素、纤维素需经菌丝细胞产生的胞外酶分解成易吸收的单糖。阔叶树木屑是香菇主要碳源。

2.氮源

香菇在生长发育中对有机氮的利用效果最佳，其次是铵态氮，而硝态氮和亚硝态氮通常无法被香菇利用。添加硫胺素（维生素B）到合成培养基中可以增强香菇对铵态氮的利用能力，有助于促进其良好生长。在不同生长阶段，香菇对碳氮比有不同的需求，营养生长阶段适宜的碳氮比为（25～40）∶1，而在生殖生长阶段，最适宜的碳氮比是40～70∶1。香菇的氮源主要来自有机物，如豆饼粉、黄豆粉、麦麸、米糠等。当木屑作为主料时，由于其含氮量较低，需要添加富含有机氮的材料，如米糠和麦麸，以促进香菇的菌丝生长，提高产量。

3.矿物质元素

主要元素如磷、硫、钾、钙、镁等可通过添加磷酸二氢钾、石膏等化肥满足。微量元素如铁、铜、锰、锌、钴等则存在于有机物及自来水中，通常无需额外补充。

4.维生素

香菇生长需维生素B1（硫胺素），麦麸米糠含大量硫胺素。但硫胺素怕高温，121℃以上易分解。添加硫胺素的培养基灭菌时，要控温以防损失。

（二）环境条件

1.温度

香菇属于低温变温结实性食用菌，其孢子萌发最适温度为22～26 ℃，而菌丝生长的最适温度为23～25 ℃，范围在5 ～35 ℃内。原基形成需要10 ℃左右的温差，分化温度范围在8 ～21 ℃，最适10～12 ℃。子实体发育温度范围为5～24 ℃，最适8～16 ℃。根据子实体分化所需的温度范围，香菇可划分为低温型（5 ～18 ℃），中温型（7～20 ℃），高温型（12～25 ℃）。部分高温型品种在25～30 ℃下仍能正常出菇。

2.水分和湿度

在段木栽培香菇中，菇木的含水量应保持在38%～42%，有利于菌丝的快速生长。而在袋料栽培香菇时，培养基的含水量最适为55%～60%以促进菌丝的发育。在菌丝生长阶段，空气相对湿度应维持在70%以下；而在子实体发育阶段，湿度需要提高到90%左右。然而，在培育花菇时，空气相对湿度应保持在70%以下。

3.空气

香菇是好气性菌类。充足的新鲜空气是香菇正常生长发育的重要条件。在袋栽香菇时，常对正在生长的菌袋刺孔，是为了补充菌丝生长所需的氧气。

4.光线

香菇孢子对阳光直射极为敏感，曝晒5小时后其萌发率仅有5%～6%。在菌丝生长阶段，光线并不是必需的，反而在有散射光的条件下，菌丝的生长速度可能较在黑暗条件下较慢。然而，在香菇子实体原基的形成和分化，以及子实体的生长发育阶段，光线是必需的，适宜的光照强度为300～500 lx。在培育花菇时，充足的光线可以促使花纹增白、裂纹加深加宽，提高花菇的质量。

5.酸碱度

香菇菌丝生长偏好微酸性环境，适宜pH3～7，最适5～6。pH超过7生长受阻，大于9则生长几乎停止。

实训11　香菇环境条件调控

一、实训目的

1.掌握香菇环境调控的理论基础。

2.能够进行香菇生产中环境调控措施。

二、实训设备及器件

智慧农业环境控制系统、自记温湿度仪、照度计、气体测试仪、PH检测仪、记录表。

三、实训地点

食用菌栽培室，生产示范基地。

四、实训步骤及要求

1.环境监测

观测食用菌栽培室、示范基地内温度、湿度、光照、二氧化碳浓度及培养基中 PH 数值，并根据要求记录。

2.数据整理

观测记录的数据进行整理。

3.数据对比

将记录整理的数据与智慧农业环境控制系统中数据进行比较，判定记录准确性。

4.根据数据结果，给出当前条件下，应如何进行环境调控。

五、实训分析与总结

香菇的生育环境条件至关重要，要明晰各阶段对环境条件的要求，并能够进行合理的调控管理。

【评分标准】

考核内容要求	考核标准（合格等级）
1. 观测、记录态度认真 2. 准确给出调控措施	A. 观测仪器指标认真，记录准确，能够与智慧系统无差异，做出的调控措施合理，可操作性强。 B. 观测仪器指标较认真，记录较准确，能够与智慧系统差异小，做出的调控措施较合理，能够进行操作。 C. 观测仪器指标不认真，记录缺乏准确性，与智慧系统差异大，做出的调控措施一般，可操作性一般。 D. 观测仪器指标不认真，记录不准确，与智慧系统差异明显，做出的调控措施不合理，无可操作性。

任务二　香菇生产技术

【知识目标】

1.掌握香菇春栽生产菌包制作。

2.掌握香菇春栽生产管理技术。

【技能目标】

能够熟练掌握香菇春栽生产管理技术。

一、香菇春栽技术

（一）春栽的优点

时间充裕，可在 12 月至翌年 3 月进行接种，有充足的备料时间；制种期和发菌期在低温季节，有助于控制杂菌污染，提高成品率；春季农闲，有利于进行精心管理，提高发菌质量；长菌丝生长期使得菌丝更为健壮，有利于提高香菇的质量和商品价值；充分利用深秋的好出菇季节，有助于多产优质的秋菇和冬菇，提高经济效益。

（二）栽培季节和生产周期

（1）接种期。接种期的选择原则是确保接种后至当地高温期来临前，菌袋必须完成转色，以增强越夏时的耐高温能力。接种可在前一年 12 月起到次年 3 月底进行，宜尽早。

（2）菌丝生长期。菌丝生长期为 12 月至次年 6 月，是发菌期，为香菇生长的关键时期。

（3）转色和越夏期。转色基本在 6 月底以前完成，越夏期在 7 月至 8 月，这是香菇生长周期中的转变时期。

（4）出菇期。出菇盛期为 9 月至次年 2 月，是香菇生长周期的高产期。

从接种到出菇结束大约需要 1 年，管理得当的话，可在春节前结束，最迟在 3 月结束。

（三）培养料选择与配制

在培养香菇的过程中，选用栎类木屑作为培养料是最佳选择。为了保持木屑的纯度和控制木屑的大小，最好使用专门粉碎的木屑，通常大小调整在 2mm 左右。常用的培养料配方包括阔叶树木屑 79%、麦麸 20%、石膏粉 1%，并需要添加适量水。在配料过程中，按照配方精确称量原辅材料，将麦麸、石膏粉充分拌匀后撒入木屑干料中搅拌，可以采用搅拌机或手工搅拌。最终，要确保搅拌均匀，含水量达到 60% 左右为最佳。

（四）装袋与灭菌

春季栽培香菇的具体步骤包括使用规格为（17～20） cm×55 cm×0.004 cm 的低压高密度聚乙烯料袋，对袋口进行处理，使用约 8 kg 的筒料或折角袋，拌好的培养料在 4 小时内装入塑料袋中。装袋后及时进行灭菌，使用常压灭菌法，保持在 100 ℃时持续 12 小时以上，然后冷却至 70 ℃后移到提前消毒的培养室。在料温降至 28 ℃以下时进行接种。

（五）菌种选择与接种

在春季栽培香菇的过程中，要选择中温偏低的晚熟品种，例如国内的 135、939、9015 和 241-4 等。常用的种型是木屑种，菌龄约为 45 天。接种过程可以在接种箱内进行，接种箱要足够大，一般长 1.5 m、宽 0.9 m，可容纳 50 个料袋。

另外，也可以在接种室进行接种，但必须严格进行灭菌。接种过的料袋在培养室冷却至料温低于 28 ℃时，移入接种箱内，并进行第二次消毒。接种过程需要快速进行，先在料袋上用打孔器打 4 个孔，然后迅速接种，每瓶菌种接 20～25 袋。最后，为了确保接种的有效性，接完一袋后，外面再套一个灭菌的直径 18～22 cm 的塑料袋。

（六）发菌期管理

1.菌袋堆放

春季接种香菇，气温和发菌情况决定堆放方式。早期低温时，顺码排放，堆高 1～1.5m，留人行道促进空气流通。气温升高，调整至"井"字形或"△"形堆，每堆 4～6 层。全程设合理通道，保证空气流通，调控发菌环境。

2.培养条件

（1）温度。香菇培养需 24～26℃温度，促进菌丝快速健壮生长。注意室温与菌温差异，防止袋内升温过多。温度调节要关注菌温不超过 28℃，可调整堆高低、疏密通风。5月后严防"烧菌"现象。

（2）湿度。室内需保持干燥，尤其在培养室内。防止湿度过高导致杂菌污染，控制湿度≤70%。连阴雨天，用生石灰等方法维持适宜培养环境。

（3）通风。培养室要保持空气新鲜。通风良好，空气新鲜，足够的氧气有利于菌丝生长。为此，要经常打开门窗通风换气，通风要和保温相结合。

（4）光线。香菇菌丝生长期间，不需要光线。因此要尽量用窗帘遮挡门窗。特别注意不能让直射阳光照射菌袋。

3.及时翻堆、查杂与刺孔增氧

（1）翻堆。翻堆是一项重要的管理措施。通常在接种后的 7 天内不宜翻动菌袋，因为这是香菇菌丝萌发、定植、延伸的关键时期。第一次翻堆通常在接种后 1 周进行，之后每隔 7~10 天进行一次翻堆。在翻堆时，要注意观察接种穴是否有未发菌的情况，如有需要及时补接菌种。同时，发现杂菌特别是木霉时要及时处理，可以使用甲醛或酒精来抑制木霉的生长。当接种穴的菌丝已连接时，由于袋内菌丝繁殖升温，建议调整堆的形式为"井"字形或"△"形，以利通风和散热降温。

（2）合理刺孔增氧

菌丝在袋内生长会消耗氧气，因此需要定期进行刺孔以保证足够的氧气供应。刺孔的时机需要根据菌丝的生长情况，通常在整个发菌期需要进行 3~4 次刺孔。第一次刺孔一般在接种后 15 天左右，每个接种穴刺 4~6 个小孔，位置在距离菌丝圈外围 2 cm 处，向内斜刺，孔深 1 cm 左右。越夏前进行最后 1 次刺孔，刺 20~40 个孔，孔深 1.5 cm，海拔 300m 以下地区在 6 月 20 日前结束，300~600m 的地区在 6 月 30 日前结束。上架前 1 周左右，结合天气情况进行最后 1 次刺孔，刺 80~100 个孔，孔深 1.5 cm。

在进行刺孔操作时，需要注意几个关键点。首先，刺孔后 2~3 天，由于菌丝呼吸作用加强，释放出大量热能，袋内温度可能升高。当室温达到 28℃时，应停止刺孔，以避免"烧菌"现象。其次，含水量高的菌袋可适度增加刺孔数量，而含水量低的则需要减少刺孔的数量。刺孔时要避开塑料袋拱起部位、瘤状物突起部位、污染部位、菌丝未发到部位、有黄水部位以及菌丝刚相连部位。刺孔操作应分批进行，每次刺 400~500 袋，每隔 3~4 天进行一次。刺孔后，刺孔部位应侧放，同时要注意通风降温，降低菌袋堆叠层数，摆稀菌袋，以维持适宜的生长环境。

（七）不脱袋转色管理

接种后 60～80 天，菌丝能够充满整个菌袋，同时表面会形成瘤状物，标志着菌丝已经达到生理成熟的阶段。在春季培养香菇时，采用不脱袋的方式进行转色和出菇，以有利于保持菌袋的湿润状态。转色的适宜环境温度为 20～24℃，相对湿度为 85%～90%，并需要散射光照和新鲜空气。与脱袋转色不同的是，不脱袋转色时，菌丝柱表面不会出现绒毛状白色菌丝，而是由菌丝分泌一种褐色素，逐渐形成一层褐色菌膜。在高温条件下，可能分泌黄水，需要及时清除，以避免腐烂影响出菇。

（八）出菇场所及菇棚建造

春季香菇培养需选择朝向阳光、环境清洁、空气流通且靠近水源的场所。常见管理方式为搭建双层棚，外棚遮阴，内棚冬季覆盖塑料薄膜调节温度。一年中，根据季节需求，有时同时使用外棚和内棚覆盖物，或只使用其中之一。

棚的结构根据内外棚的组合，有一棚一弓、一棚两弓、一棚三弓等。现将一棚两弓的结构作一介绍。

1.外棚

外棚结构是遮阴棚，采用 15 cm × 15 cm 的水泥柱作为支柱，高度在 2.4～2.8 m 之间，宽度为 6.6 m，长度根据栽培量而定。支柱每隔 2 m 设置一个，上有横杆和纵杆连接与支撑，并用铁丝紧固。外棚顶为平，采用树枝、秸秆或遮阳网进行遮阴，以降低温度、调节光照强度，并有利于通风。外棚在冬季出菇期需调整遮阴物，保持牢固性。朝向选择上，外棚以南北走向为宜，东西两侧可用秸秆遮挡作墙。

2.内棚

内棚是出菇棚，结构由层架支撑，使用竹木搭建，一个弓内有 2 个出菇架组成，架间有 70 cm 的人行道。出菇架的构造包括架宽 80 cm、高 1.9～2.1 m，5～7 层，层间距 30～40 cm。支柱错落排列，形成弓形结构，采用竹竿作为支撑材料。外部使用折幅 3.5m、厚 0.008～0.010 cm 的塑料膜覆盖，两边用土封密压实，以保温。在低温季节才覆盖薄膜。每层架子可容纳一定数量的菌袋，通风较好。

(九) 菌袋越夏管理

越夏管理方式：菌袋越夏主要有室内越夏、林地越夏和遮阴棚越夏等多种方式。

室内越夏要求：①凉爽，室温不超过28 ℃。②通风。③干燥，空气相对湿度不超过70%。④避免直射阳光。菌袋摆法呈"井"字形或"△"形，尽量疏散，堆低，以免引起"烧菌"。在有条件的地方，可使用多层床架，将菌袋放在层架上。

遮阴棚越夏：适用于较低海拔地区（600 m以下）。遮阴棚下放有多层架子，菌袋置于架子上，袋间距5 cm以上。室外遮阴棚要加厚覆盖物，以防高温。

菌袋越夏的关键在于控制温度，因为香菇菌丝不耐高温。在高温期（7～8月），要密切注意温度变化，及时采取措施降温，避免超过35 ℃持续4小时以上，以防止菌丝老化、自溶和"烧菌"现象的发生。

(十) 催蕾、护蕾、疏蕾

1.催蕾

催蕾，可在菇棚或室外进行，关键是确保适宜的温度、湿度、氧气和光照条件。春栽的菌袋经越夏后可能失水较重，一部分可通过振动刺激实现出菇，而失水严重的则需要补水。在补水过程中，要注意控制补水量，以避免菌袋吸水过度导致出菇不良。最佳补水方法是使用补水针，确保含水量恢复到适当水平。

2.护蕾

在不脱袋条件下出菇时，需小心防止挤压菇蕾，应及时划开薄膜，为其提供充足的空间。割开袋后，必须控制外界条件，确保温度适宜在8～20 ℃范围内，并保持空气相对湿度在90%左右。此外，适度通风和散光照射也是必要的，有助于菇蕾在良好条件下健康生长。

3.疏蕾

为了培育高质量的香菇，当菇蕾过于密集时，应采用疏蕾方法。这意味着摘去一些菇蕾，保留每袋大约10朵，以确保它们之间不拥挤，从而促进香菇的良好生长。

（十一）子实体生长期管理

春栽香菇在自然条件下，生命周期包括5~6潮的出菇到结束。根据季节划分为秋菇、冬菇、春菇三种。对于春栽香菇，通过适当的管理，一般可以在春节前完成全部的收获。因此，管理的重点应该放在秋菇和冬菇的阶段。

在秋季（9~11月）发生的香菇，由于气温逐渐下降，越夏菌袋内积累了大量营养。根据天气情况，可以选择培育厚菇或花菇。在秋雨连绵时，可先培育厚菇，但要防止"秋老虎"的出现，需要注意降温通风工作。在晴朗天气中，可培育花菇，进行催花管理时要控制空气相对湿度在70%以下。在养菌阶段，采取适当措施促进菌丝的生长和营养积累，包括补水、调整温湿度条件。在整个过程中，要灵活调整遮阴物，根据天气情况灵活掌握。

在12月至翌年2月的冬季，气温低、空气干燥，是培育花菇的最佳时机。当冬季菇蕾长至2cm时，进行催花管理。在这个阶段，可以去掉外棚上的遮阴物，让太阳直接照射菌袋。管理的重点在于温度控制，调节棚内温度在8~16℃范围内，晚上低于8℃时需要修火道加温，以保持8℃以上的温度。在晴天时白天可以去掉薄膜，让幼菇在太阳光下生长，有利于裂纹增白，提高花菇的等级。花菇的生长期为10~15天，温度低时可能更长。在合理管理的情况下，春节前可收获2~3潮花菇。

二、采收加工与贮藏

（一）适时采收

为了保证香菇的产量和品质，采收时需选择适时的时机。最佳采收期为菌盖6~8成熟，即在菌膜刚破或将破、菌盖尚未完全展开、边缘内卷、形成"铜锣边"、菌褶已全部伸长、并由白色转为浅黄褐色时。在这个时期采收的香菇，不仅色泽鲜艳、香味浓郁，而且菌盖厚、肉质柔韧，商品价值较高。此外，根据不同用途的需求，采收时间的尺度也会有所不同，鲜销香菇可适当提早采收,以 5~6 分成熟为宜,此时更易保存和运输。

(二)采收方法

采菇时需要左手按住菌袋或段木,右手捏住香菇菌柄基部,通过左右旋转后轻轻向上拔起。注意采大留小,避免碰伤周围小菇。采后不要留下菌柄,以防腐烂影响后续出菇。对于生长密集的香菇,可以使用尖刀从基部挖起。同时,要注意不损伤菌袋表面的菌膜。采下的香菇放在篮子或筐里时要轻放,保持菇体完整,防止挤压损坏。最好在盛放时按照菇体大小和菌盖完整度进行分类,以方便销售或加工。

(三)注意事项

1.晴天采收

在香菇的收获阶段,应当密切关注天气的变化,尽量选择晴天进行采收。晴天采收的香菇表现出色泽鲜艳、菌盖光滑的特点,而且经烘干后的质量较好。相比之下,在雨天采收的香菇菌盖容易变得粗糙,含水量较高,导致质量差,同时烘干率也相对较低。

2.分批采收

应当成熟一批采收一批。

3.采法要得当

采收不当会导致断柄破盖现象频发,同时,遗留在菌袋或菇木中的菇柄会给后续出菇过程带来隐患。

4.及时处理

采回的香菇应根据规划及时进行冷藏或烘干处理,以防止堆积和长时间存放。长时间堆放和存放会导致新鲜香菇品质下降,同时烘干后的香菇产品也将失去原有的光泽与色泽。

实训 12 香菇生产技术管理

一、实训目的

1.掌握香菇生产方法。

2.能够进行香菇生产管理。

二、实训设备及器件

试验用大棚、香菇成熟菌袋、喷水设施、香菇采收、晾晒用具，记录表。

三、实训地点

生产示范基地。

四、实训步骤及要求

1. 香菇成熟菌袋判定

按设计要求进行香菇成熟菌袋判定，并根据要求记录。

2. 进行香菇菌包出菇前处理

通过参与菌包出菇前操作，掌握标准及操作技巧。

3. 出菇管理

根据环境条件控制标准，对香菇进行管理，包括出菇温度、干湿管理、棚室管理及适时采收、干制等。

4. 根据数据、管理结果，给出评判。

五、实训分析与总结

香菇生产要素调控，并能够进行合理的出菇管理。

【评分标准】

考核内容要求	考核标准（合格等级）
1. 观测、记录态度认真 2. 准确进行出菇管理	A. 观测菌袋标准认真，记录准确，能够根据棚室特点适当管理，可操作性强。香菇单袋产量超过平均产量20%以上。 B. 观测菌袋标准较认真，记录较准确，基本能够根据棚室特点适当管理，可操作性较强。香菇单袋产量与平均产量持平。 C. 观测菌袋标准一般认真，记录大致准确，未能根据棚室特点适当管理，可操作性一般。香菇单袋产量低于平均20%以内。 D. 观测菌袋标准不认真，记录不准确，不能够根据棚室特点适当管理，无可操作性强。香菇单袋产量低于平均20%以上。

项目五 平菇生产技术

任务一 平菇生产基础

【知识目标】
1.了解平菇发展概况。
2.明确平菇生产特点。
3.掌握平菇生活条件。
【技能目标】
熟练掌握平菇生活条件指标及调控。

平菇（Pleurotus ostreatus）又被称为北风菌、冻菌、蚝菇，属于担子菌门、层菌纲、伞菌目、侧耳科、侧耳属。这个属下包括许多美味可食的品种，其中多数已在大面积进行人工栽培，例如糙皮侧耳、金顶侧耳等。

平菇在严格意义上指的是糙皮侧耳，然而在生活中，人们常常将很多可栽培上市的侧耳属食用菌都泛称为平菇。尽管这种叫法在科学上不准确，但在常见的语境中已经被广泛接受。平菇已经演变成一种商品名，指代侧耳属的许多品种。

平菇具有肉质肥厚、味道鲜美、营养丰富的特点。每100g干菇中含有25.6g粗蛋白和3.7g粗脂肪。平菇含有18种氨基酸，其中包括人体必需的8种，占总氨基酸含量的40%～50%。此外，平菇还富含矿物质元素如钙、磷、铁、钾，以及B族维生素、维生素C、维生素K等。其中的酸性多糖、微量牛磺酸和多种酶类有助于促进消化、降低血压和胆固醇，对癌细胞有抑制作用。

平菇还对胃炎、肝炎、十二指肠溃疡、胆结石、糖尿病和心脑血管疾病等具有防治作用，因此被认为是一种具有很高食疗价值的保健食品，深受广大消费者的喜爱。

平菇具有适应性强、分布广泛的特点，是一种世界性分布和栽培的食用菌。其生长速度快，抗逆性强，适应范围广，适合多种原料和多种条件下的栽培。平菇的栽培技术简单，周期短，生物学效率高，经济效益显著，投入产出比在1∶2以上。目前，在中国的各个省份都有平菇的栽培，它已成为我国生产量最大、普及最广的食用菌品种。

一、形态特征

（一）菌丝体

平菇菌丝分枝，双核菌丝明显锁状联合。PDA上，菌丝洁白、粗壮、浓密、整齐。气生菌丝强，爬壁能力强。通常无色素，久培或高温可现黄斑。适宜条件下，菌丝扭结成原基。

（二）子实体

平菇子实体呈丛生或覆瓦状，由菌盖和菌柄组成。菌盖扇形，侧生或偏生，颜色多样。菌肉厚，吸水性强。菌褶刀片状，不等长。菌柄侧生。担子无隔，棍棒状，顶端4个孢子梗，每个小梗生1个长圆柱形担孢子。

二、生长发育条件

（一）营养条件

1.碳源

平菇栽培的碳源主要来自有机物，如简单糖类和植物性原料（纤维素、半纤维素、木质素）。可用棉籽壳、玉米芯、木屑、甘蔗渣等作碳源。

2.氮源

平菇可以利用无机氮和各种有机氮,如铵盐、硝酸盐等。为了促使平菇良好生长,生产中常使用有机氮作为氮源,其中包括尿素、豆饼、麦麸、米糠等。在平菇菌丝生长阶段,适宜的碳氮比为20∶1;而在生殖生长阶段,适宜的碳氮比为40∶1。在配制平菇培养基时,需要注意碳氮比的合理搭配。

3.矿物质元素

栽培平菇时,可添加钙镁磷肥、硝酸磷、过磷酸钙、石膏等以提供充足元素。微量元素通常由培养基和自然水满足,也可适量加入硫酸锌、硼酸等无机盐。

4.生长素

平菇生长素主要为维生素类,合理利用可促菌丝生长、提前出菇及增产。培养料要求不严,可用农副产品下脚料如棉籽壳、玉米芯等。碳源丰富,棉籽壳因产量高、物理性状好、处理简便,适用于大面积栽培。近年因棉籽壳价格上涨,玉米芯在平菇生产中应用广泛。

(二)环境条件

1.温度

平菇的菌丝生长温度范围为5~35 ℃,最适生长温度为25℃左右。在10 ℃以下,菌丝生长缓慢;40 ℃以上,菌丝会死亡。平菇属于变温结实性菇类,温差刺激有利于原基形成,而在恒温条件下子实体难以发生。根据原基形成对温度的要求,平菇可划分为低温型、中温型、高温型和广温型。低温型适宜冬季栽培,中温型适宜早秋和春季,高温型适宜高温季节,而广温型则对温度范围较为宽广。

2.水分和空气湿度

平菇菌丝生长适宜培养料含水量为60%~65%,过高或过低的含水量都不利于菌丝生长,也影响子实体的形成。菌丝生长期,空气相对湿度应控制在70%以下。在子实体形成和发育阶段,适宜的空气相对湿度为85%~95%。湿度偏低会导致原基难以生长,幼菇干枯死亡;湿度过大则抑制子实体生长,导致菌体小、菌柄长,甚至可能出现腐烂和杂菌污染。合适的水分管理是确保平菇高产稳产的关键。

3.空气

平菇是好气性真菌，菌丝生长阶段对氧气要求不严格，而一定浓度的二氧化碳对菌丝生长有利。然而，在子实体生长发育期间，必须保持充足的氧气，以确保正常的生长发育。通气不良和二氧化碳浓度过高可能导致子实体原基难以形成或发育异常，出现畸形菇，如高脚菇、菜花菇或珊瑚状畸形菇。畸形菇的发生通常与二氧化碳浓度大于0.03%有关。

4.光照

平菇菌丝生长阶段不需要光线，光线对其有抑制作用。然而，在平菇原基分化和子实体生长发育期间，适度的散射光是诱导原基分化的重要因素。适度的散射光有助于平菇的正常发育，使其菇体粗壮、菌肉肥厚、色泽自然，产量高。在黑暗条件下生长的平菇柄会变得细小、盖小、畸形。强烈的光照，尤其是直射光，会抑制子实体的生长。光照强度范围在 200 ~ 1,000 lx 之间对子实体正常发育有利。子实体形成所需的光照和通风条件与通风状况相关，通风好的情况下，光照强度可以适度减小。光照强度还会影响平菇的菌盖颜色，强光照使颜色深，弱光照使颜色浅。在栽培过程中，要避免在黑暗的菇房内，防空洞栽培时需要注意补充光线。

5.酸碱度

平菇适宜在中性偏酸的基质上生长，对培养料的 pH 值要求在 5.5~6 为最适。在菌丝生长中，代谢产生的有机酸会使培养料的 pH 值下降，因此在培养料的配制过程中，可以加入适量的石灰来调高 pH 值，有助于促进平菇的生长并减少杂菌感染。在生料和发酵料栽培时，培养料的 pH 值可以调至 8 左右。这样的 pH 调控有助于提供适宜的环境条件，促进平菇的健康发育。

实训 13　平菇环境条件调控

一、实训目的

1.掌握平菇环境调控的理论基础。

2.能够进行平菇生产中环境调控措施。

二、实训设备及器件

智慧农业环境控制系统、自记温湿度仪、照度计、气体测试仪、PH 检测仪、记录表。

三、实训地点

食用菌栽培室,生产示范基地。

四、实训步骤及要求

1.环境监测

观测食用菌栽培室、示范基地内温度、湿度、光照、二氧化碳浓度及培养基中 PH 数值,并根据要求记录。

2.数据整理

观测记录的数据进行整理。

3.数据对比

将记录整理的数据与智慧农业环境控制系统中数据进行比较,判定记录准确性。

4.根据数据结果,给出当前条件下,应如何进行环境调控。

五、实训分析与总结

平菇的生育环境条件至关重要,要明晰各阶段对环境条件的要求,并能够进行合理的调控管理。

【评分标准】

考核内容要求	考核标准(合格等级)
1. 观测、记录态度认真 2. 准确给出调控措施	A. 观测仪器指标认真,记录准确,能够与智慧系统无差异,做出的调控措施合理,可操作性强。 B. 观测仪器指标较认真,记录较准确,能够与智慧系统差异小,做出的调控措施较合理,能够进行操作。 C. 观测仪器指标不认真,记录缺乏准确性,与智慧系统差异大,做出的调控措施一般,可操作性一般。 D. 观测仪器指标不认真,记录不准确,与智慧系统差异明显,做出的调控措施不合理,无可操作性。

任务二 平菇生产技术

【知识目标】
1. 了解平菇类型品种及工艺流程。
2. 掌握平菇发酵料制作技术。
3. 掌握平菇生产管理技术。

【技能目标】
能够熟练掌握平菇生产管理技术。

根据栽培场所的差异,可以选择室内栽培、温室栽培、地下室栽培、阳畦栽培等不同方式。此外,根据不同的培养料,可采用棉籽壳栽培、玉米芯栽培等方法。栽培容器方面,可以选择袋栽、床栽、畦栽等不同的栽培方式。另外,栽培料的处理方式也包括了生料栽培、发酵料栽培和熟料栽培等多种选择。

一、栽培季节和生产周期

（一）栽培季节

我国平菇栽培主要受制于自然气温,因此栽培季节的选择至关重要。最佳的生产季节应在秋季,其中早秋适宜采用广温型品种,通过发酵料栽培。9~11月是平菇栽培的黄金季节,适宜温度条件下可选择不同品种进行发酵料或生料栽培。在不同季节,根据温度需求选择中高温型或高温型品种,通过发酵料或熟料栽培,实现全年生产。

（二）生产周期

在适宜的培养温度下,一般菌丝生长期为20至30天,从播种至出现菇体需30至40天,而从菇体出现至生产结束则需60至90天。整个生产周期共计 110 至 160 天。

二、熟料栽培技术

（一）栽培原料及培养料配方

平菇栽培的成功在于巧妙搭配各种原料，如棉籽壳、玉米芯等，形成多样化的培养料配方。这能够提供充足的养分，改善培养料的物理性质，进而促使更高的产量。通过科学配比，实现增产的同时也能够达到增收的效果。

平菇生产上采用的配方也比较多，以下配方是国家食用菌产业技术体系侧耳类栽培岗位研究的成本比较便宜、产量比较高的配方（图 5-1）。

	棉籽壳	玉米芯	大豆秸	麦麸	豆粕	棉籽粕	石灰	磷酸二铵	轻质碳酸钙	含水量
1	72%			25%			2%		1%	65%左右
2	83.5%			10%	3%		2%	0.5%	1%	65%左右
3	25%	58.5%		10%	3%		2%	0.5%	1%	65%左右
4	16.2%	64.8%		10%	3%	3%	2%		1%	65%左右
5	17.5%		66%	10%	3%		2%	0.5%	1%	65%左右
6		25%	58.5%	10%	3%		2%	0.5%	1%	65%左右

图 5-1 培养料配方

（二）拌料

为了确保平菇培养料的质量，使用玉米芯、大豆秸等原料前应预先湿透，或在搅拌时延长时间以确保充分湿透。最佳做法是采用搅拌机拌料，以确保混合均匀。在配制培养料时，要按比例备好各种原料，并控制含水量在65%左右。

（三）装袋

培养料拌匀后需迅速装袋以防止酸败。选用（17～24）cm×（36～50）cm×0.004 cm 低压聚乙烯袋，一端或两端出菇。确保松紧适中、外观圆滑、手按无指窝、手握有弹性。装袋过紧致菌丝生长慢,过松易周身出菇。最后,可选扎口或套环封口。

（四）灭菌

为防止培养料变质,袋装后需及时灭菌,最好当天完成。可选择常压或高压灭菌,高压条件为121℃,持续3小时。常压灭菌时,建议料袋装入筐内,提高灭菌效果。底部两层间料袋温度达100℃后,持续灭菌12小时以上。遵循"攻头,保尾,控中间"的原则,确保蒸汽通入量保持较大,维持阶段温度稳定在100℃,以确保灭菌彻底。

（五）接种

在低于30℃的条件下,无菌操作规程进行接种。接种室消毒用高效气雾消毒剂（5g/m³,30分钟）,选择袋型一端或两端接种,接种后套环封口。

（六）发菌管理

为了促使平菇菌丝健壮生长,发菌期间应创造适宜的环境条件。这包括维持温度在25℃左右,控制空气相对湿度在70%以下,提供适度的光线,并保持空气的新鲜。

在平菇的发菌期,合理控制环境温度至关重要。尤其需要注意将温度保持在25℃以下,以确保发菌的安全性。研究发现,在较低温度（22~25℃）下培养的菌袋平菇表现出良好的生长势和高生物学效率,为提高栽培产量提供了有效的途径。因此,在平菇的栽培中,精准控制培养温度是一项关键策略,可促进菌丝的健康生长,从而取得更好的栽培效果。

为了有效调节培养温度,需合理设置菌袋的堆叠间距和高度。在发菌阶段,根据气温的不同选择合适的层数,一般温度越高,层数越少。在低温季节,可通过增加菌袋堆放的高度和密度,并加盖覆盖物的方式,提高培养小环境和菌袋温度。在高温环境下,应采取通风、降温、翻堆、减少层数和增大堆空间等措施来降低温度。

在平菇的发菌期,维持适宜的环境条件至关重要。首先,要确保环境干燥，控制空气相对湿度在70%以下，以避免杂菌感染。过高湿度可通过通风等方式降低。另外，避光也是发菌期的关键，过强的光线可通过遮阴网等方式调节。由于平菇菌丝在此阶段生长旺盛，需大量氧气，因此要加强通风换气，及时排除二氧化碳，保持空气新鲜，同时需根据温度和湿度的变化进行灵活调整，确保生长条件的适宜。

适时翻堆以维持菌丝良好生长，交换菌袋位置保证整齐。检查并及时处理杂菌污染，局部可用杀菌剂控制。严重污染者立即搬离，单独低温培养并灭菌，确保环境清洁稳定。

（七）出菇管理

平菇菌丝的生长周期一般为约30天左右，此时菌袋已经充满。及时将培养袋搬移到出菇大棚或室内是关键。常用的生产方法是采用立休墙式出菇法，首先在场地铺设塑料薄膜或编织袋，然后将充满菌丝的袋子按照温度确定的层数摆放，通常为4～9层，长度根据具体场地情况而定。在摆放时，每排之间应保留大约60cm的距离，并设置管理走道，以便于后续的管理和采收。

在出菇阶段，需保持环境温度大约在15℃、空气相对湿度约为90%，并提供散射光照和新鲜空气，以确保平菇子实体的健康生长。

平菇在9月至次年3月自然出菇最佳，温差10℃以上。不催菇也可较好现蕾，但催菇可使菌袋出菇更整齐。催菇时，晚间通风降温，白天增光提温，创造8℃～10℃昼夜温差。提高空气湿度至90%，强通风，散射光，助菌袋整齐形成原基。

子实体生长期间，环境温度要控制在10～25℃，最好13～20℃。如果温度过高，可采取白天盖草苫、早晚通风等措施降温；如果温度过低，需要加温，也可通过白天适当地减少荫棚上的覆盖物、让太阳光照射进菇棚，晚上加厚菇棚覆盖物等措施提高菇棚温度。

在平菇的子实体生长期，维持适宜的空气相对湿度至关重要。原基期的湿度一般控制在90%左右，通过使用喷雾器向空中喷雾，同时保持地面潮湿。在喷水时要注意避免向菇蕾上喷水，以免引起死蕾和染杂。在幼菇期，可向空中和墙壁、地面喷水，保持潮湿，但不要向菇体上喷过多水，以防水分吸收过多导致发黄水肿和软萎缩。随着子实体生长的迅速，水量需求增加，需要增加喷水次数，保持空气相对湿度在90%左右。每次喷水后，要求菇体表面有光泽但不积水。水分管理需要根据天气状况等因素灵活调整，干燥天气增加喷水次数，阴雨天减少或不喷水，气温下降时减少喷水次数，气温升高时增加喷水次数，以确保平菇的健康生长。

在平菇的子实体生长期，维持良好的通风是确保生长健康的关键。对于原基，由于其适应能力较差，通风应该缓慢进行，避免通风不良和二氧化碳浓度过高，影响正常分化。通风量应适量，通风时间不宜过长，以防止风直接吹到菇蕾上，导致失水和原基干枯。子实体分化后要加强通风，确保充足的氧气供应。随着生长速度的加快，通风量和时间也需要相应增加。通风操作需要与环境温度和湿度相协调，根据菇体发育和天气条件进行调整。在高温天气下，加强通风以散发热量；在低温天气下，减少通风时间以防止受冻。在阴雨或多雾天气中，要加大通风量，避免湿度过高。而在大风天气中，需要关闭迎风通风口，减少通风，防止失水过快。

平菇生长期需适度散射光，光照强度100～1000 lux适宜。过弱光致子实体畸形，盖小柄长；强光，尤其是直射光，亦抑制正常生长。光照强度还影响盖颜色，强光颜色深，弱光颜色浅。

平菇种植技术包括菌墙种植、覆土种植等多种模式，种植人员可根据上述方法实施出菇管理。

（八）采收

平菇的最适宜采收期是当菌盖平展、连柄处下凹、边缘平伸时，此时蛋白质含量高、纤维素含量低，商品外观好，菌盖边缘韧性好。采收前适度喷水有助于提高菇房空气相对湿度，降低孢子飘浮对工作人员的影响，同时可使菌盖保持新鲜、不易开裂。在采收时，应注意轻轻扭下菇柄，切勿硬掰，以免带起培养料。采后要轻拿轻放，尽量减少翻动次数，将平菇放入干净、光滑的容器内储运。若不能及时销售，建议将平菇贮藏在0～3℃的冷库中。

（九）后茬菇管理

在采完一茬菇后，进行适当的清理工作十分重要。清理包括清理料面，去除死菇和残留在培养料上的菇根。同时，停止喷水，调控温度维持在25℃左右，空气相对湿度保持在75%左右。为了保持空气新鲜，可以适度遮阴。这样的环境有助于平菇菌丝的生长和养分的积累。经过养菌5~7天后，可以按照之前的方法进行后茬菇的管理，以确保后续的生长和产量。

三、发酵料栽培技术

发酵料栽培是平菇生产常见方法，基于巴斯德消毒原理。通过保持通气良好，使有益微生物繁殖，产生生物热提高料温，达到杀虫灭菌效果。发酵还有助于分解大分子物质，改善培养料性质，便于平菇菌丝利用。

（一）培养料配方

	棉籽壳	玉米芯	大豆秸	麦麸	尿素	钙镁磷肥	石灰	水
1	84.5%			10%	0.5%	2%	3%	适量
2		91.5%			1.5%	4%	3%	适量
3		82%		10%	1%	4%	3%	适量
4	20%	71.5%			1.5%	4%	3%	适量
5	61.5%		30%		1.5%	4%	3%	适量
6	15%	62.5%	15%		1.5%	3%	3%	适量

图 5-2 培养料配方

（二）培养料发酵

建立发酵场所时，需要注意环境的清洁度、水源的便捷性和水源的洁净程度，最好将发酵场所紧靠菇棚。理想的场地是地面平坦的水泥地。

对于玉米芯、大豆秸等原料，需要进行预湿处理。在料堆建造过程中，要确保辅料均匀分布，料堆高度约1m，长度和宽度根据场地而定。在起堆时要保持松散，稍加拍平表面。通过使用木棒在料堆中打透气孔，可以改善料堆的透气性，满足发酵时好氧微生物的需求。在雨天，可以使用薄膜覆盖料堆，但雨后必须及时去掉以保持适宜的湿度。

在堆内中高温好氧微生物的活动下，建堆后堆温逐渐上升。在高温季节，大约需要24小时，而在低温季节则需要48小时左右，堆温才能升至60℃以上（堆顶以下20 cm处）。一旦达到这个温度，需要维持24小时左右，并在此时进行翻堆。翻堆时，要将料堆上、下、内、外层的培养料互换，以保证发酵更加均匀。确保培养料温度达到60℃以上时再进行翻堆，以避免杂菌大量增殖导致培养料酸败。翻堆的两个主要作用是使培养料发酵更加均匀，同时通过翻堆达到气体交换，为微生物活动提供充足的氧气。

翻堆后重新建堆，稍加拍平并打孔，以继续促使微生物活动和发酵。重新建堆后，要确保堆内氧气充足，微生物活动旺盛，当料温达到60℃以上时，进行第二次翻堆并保持24小时左右。这个过程需要进行3~5次，次数不宜过多，但必须确保翻堆的质量达标。在翻堆的过程中，要注意堆底中心原料色泽变浅、发酸的情况，这可能是由于局部通气不良、厌气发降，需要在重新建堆时加强通气。同时，翻堆时发现大量白色粗壮线状菌丝通常是嗜热放线菌的存在，这不是杂菌，是由于堆料温度较高和水分偏干导致的，无需过于担心。

发酵时间应该根据培养料的种类和天气状况进行灵活的调整。一般来说，棉籽壳需要5~7天的发酵时间，而玉米芯则需要7~12天，温度低时可适当延长。过短的发酵时间会导致培养料发酵不彻底，而过长则会使有机质大量腐解，损失养分，影响平菇的产量。通过观察培养料的状态，可以判断是否发酵好，包括松散而有弹性、略带褐色、无异味、不发黏、质感好，料堆上有适量的白色放线菌菌丝，含水量约为65%。如果出现严重的白化、腐朽或黑变、有刺鼻臭味、霉味等情况，说明培养料没有发酵好，不能用于平菇的栽培。

（三）装袋接种

在平菇的发酵料栽培中，常使用规格为（25~28）cm×（55~60）cm×

（0.001～0.0015）cm 的聚乙烯塑料袋，每袋可装干料 1.5～2kg。为适应气温变化，高温时使用较窄的袋子，而在冬季气温低时则使用较宽的袋子。

当培养料发酵好后，要及时进行装袋，最好选择在早晨或下午进行，避免中午高温和大风天气。在装袋前，需要先散堆降温，并均匀喷洒 0.1%甲基托布津或 0.15%多菌灵、0.1%氯氰菊酯等，以预防病虫害的发生。

层播法进行平菇播种，可选三层料四层种或两层料三层种，根据栽培时间调整。装袋过程：塑料袋一端折叠放地，从另一端装发酵培养料，边装边压实，注意袋周围稍紧实，中间略松，8～10cm 高度均匀摆放核桃大小菌种块。依次装培养料和菌种，袋口扎紧成活结。翻转袋子，压平料面，撒一层菌种，再扎口。菌袋紧实程度：手压有弹性，重压处有凹陷，不变形。装太松菌丝弱，装太紧通气不良。

在平菇的发酵料栽培中，装袋时需将菌种掰成核桃大小的菌种块。合理的菌种用量是培养料干重的 10%～20%，在低温季节可适度减少至 10%左右，而在气温较高时可增加至 20%左右。适度增大用种量有助于菌丝生长迅速、封面早，充分利用菌种数量的优势来抑制杂菌感染。装袋后，要在菌袋上打通气孔，可以用直径 1.5cm 的木棒或铁棒从袋子一端捅到另一端，或者在料袋两端打孔。这样做有助于及时排出袋内废气，增加氧气量，促进平菇菌丝的生长，同时降低杂菌感染的风险，提高制袋成功率。

（四）发菌管理

在发酵料栽培的平菇菌袋中，打通气孔后应将其搬入发菌大棚进行发菌。发菌期间需维持适宜的环境条件，包括 25℃左右的温度、70%以下的空气相对湿度、适度的光照以及新鲜的空气。在这个阶段，需要密切关注菌袋内温度，因为微生物活动和平菇菌丝的生长会产生热量，可能导致温度过高，需要及时采取通风、散堆等措施，以避免高温烧菌的发生。此外，强化通风换气工作也是关键，通过促使空气流通，及时排出不良气体，提供充足的氧气，有效地降低了菌袋感染的风险。如果自然风流不足，可以考虑使用大风扇来增强通风效果。

（五）出菇管理、采收、后茬菇管理

同熟料栽培

四、生料栽培技术

（一）培养料处理

生料栽培是无菌、发酵处理的直接栽培法，适用于棉籽壳，要求原料新鲜、干燥、无虫蛀、无结块、无杂菌。使用前需阳光暴晒，拌料时减水、提高 pH 值，保持含水量 60%，pH 值 8～10。适宜晚秋至冬季，平均气温 15℃ 以下时最佳。为防杂菌感染，可加 0.1%～0.2% 的多菌灵、甲基托布津等杀菌剂。

（二）装袋播种、发菌管理、出菇管理、采收、后茬菇管理

装袋播种、发菌管理、出菇管理、采收、后茬菇管理同发酵料栽培。

实训 14　平菇生产技术管理

一、实训目的

1.掌握平菇生产方法。

2.能够进行平菇生产管理。

二、实训设备及器件

试验用大棚、平菇成熟菌袋、喷水设施、平菇采收用具，记录表。

三、实训地点

生产示范基地。

四、实训步骤及要求

1.平菇成熟菌包判定

按设计要求进行平菇成熟菌袋判定，并根据要求记录。

2.进行平菇菌包出菇前处理

通过参与菌包出菇前操作，掌握标准及操作技巧。

3.出菇管理

根据环境条件控制标准,对平菇进行管理,包括出菇温度、干湿管理、棚室管理及适时采收等。

4.根据数据、管理结果,给出评判。

五、实训分析与总结

平菇生产要素调控,并能够进行合理的出菇管理。

【评分标准】

考核内容要求	考核标准(合格等级)
1.观测、记录态度认真 2.准确进行出菇管理	A. 观测菌袋标准认真,记录准确,能够根据棚室特点适当管理,可操作性强。平菇单袋产量超过平均产量20%以上。 B. 观测菌袋标准较认真,记录较准确,基本能够根据棚室特点适当管理,可操作性较强。平菇单袋产量与平均产量持平。 C. 观测菌袋标准一般认真,记录大致准确,未能根据棚室特点适当管理,可操作性一般。平菇单袋产量低于平均20%以内。 D. 观测菌袋标准不认真,记录不准确,不能够根据棚室特点适当管理,无可操作性强。平菇单袋产量低于平均20%以上。

平菇发酵料制作详细视频讲解见资源5-1。

资源5-1

项目六　猴头菇生产技术

任务一　猴头菇生产基础

【知识目标】

1.了解猴头菇发展概况。

2.明确猴头菇生产特点。

3.掌握猴头菇生活条件。

【技能目标】

熟练掌握猴头菇生活条件指标及调控。

猴头［Hericium erinaceum （Bull.） Pers.］是一种属于担子菌门的真菌，常被称为猴头蘑、猴头菇、刺猬菌、菜花菌等。在分类上，它属于非褶菌目中的猴头菌科，具体归属于猴头菌属。

野生猴头栖息于阔叶林、针叶林或混交林，分布广泛在我国多地，如黑龙江、吉林、内蒙古、河北、河南、山西、陕西、甘肃、四川、湖北、湖南、广西、云南、西藏、浙江、福建等。

猴头菌属木腐菌，主要生长在阔叶树腐朽部位，常见于壳斗科如麻栎、栓皮栎、青冈栎等。特殊情况下，也能在针叶树上生长。

在东北大、小兴安岭的原始森林中，野生猴头的有趣现象是在树干的一面生长后，另一面也会生长，形成了一种对称的模式，因此被当地人称为"阴阳蘑""鸳鸯蘑"或"对脸蘑"。

自古以来，猴头一直以其美味被视为庖厨之珍，与熊掌、燕窝、海参一同被誉为四大名菜之一。猴头因其独特的风味和珍贵的地位，被形容为"海味燕窝"和"山珍猴头"。

猴头肉质柔软，口感极佳，其营养丰富，包含丰富的蛋白质、脂肪、碳水化合物、粗纤维、矿物质和维生素。特别是其特有的鲜味源于蛋白质中富含的呈鲜氨基酸——谷氨酸，使其成为一道美味且有营养的食材。

猴头被认为是治疗消化道疾病的良药，具有广泛的应用价值。除了对十二指肠溃疡、胃窦炎等消化道疾病有显著疗效外，它还对肝功能的恢复和提升人体免疫力都有积极作用。中医认为，猴头有助于扶正固本，改善食欲、睡眠，并能减轻病痛。因此，常食用猴头可以改善消化系统健康，增强身体的抵御能力。

20世纪60年代初，上海农业科学院的陈梅朋成功实现了猴头的人工驯化，获得纯菌丝并人工栽培。70年代证实猴头医疗效果后，栽培规模扩大，为其应用和研究奠定基础。

一、生物学特性

（一）菌丝体

猴头菌丝体复杂，由分枝状菌丝组成，在琼脂培养基上呈匍匐生长，细胞直径为 $10\sim20~\mu m$。菌丝细胞壁薄，具有横隔膜和分枝，形成双核菌丝并锁状联合。此外，猴头菌丝可产生白色厚垣孢子，表面分布不均，呈白色或灰白色，气生菌丝在不同培养条件下表现不一，尤其在含氮丰富、通风良好的培养基上，菌丝呈细而密的状态。

（二）子实体

猴头子实体呈球状或半球形，不分枝，直径 $5\sim10~cm$，野生猴头可长达 $30~cm$。在鲜嫩状态下，子实体为白色、肉质、柔软，散发清香味，而在干燥后呈淡黄色至黄褐色。基部狭窄，栽培时表现为软柄状。子实体表面布满柔软的菌刺，形如猴头毛发，下垂且呈针状。孢子长 $20~\mu m$、宽 $6~\mu m$，无色透明，球形，内含一油滴。孢子印为白色。

二、生长发育条件

(一) 营养条件

1. 碳源

猴头吸收碳主要依赖有机碳,能直接吸收小分子含碳化合物,大分子需分泌胞外酶分解成单糖如葡萄糖、果糖后利用。农副产品废弃物如木屑、棉籽壳等可用作培养基。加蔗糖可诱导胞外酶产生,加速高分子碳化合物分解与利用。

2. 氮源

猴头菌丝生长受培养基氮含量影响。纯马铃薯葡萄糖培养基上,菌丝生长稀疏。添加0.5%蛋白藤可增加菌丝密度,使菌丝粗壮。生长阶段适宜碳氮比为20:1,子实体阶段为(30~40):1。调控措施有助于优化培养条件,提高生长效率。

3. 矿物质元素

为满足猴头生长需求,培养基含磷、钾、钙、镁、钼、铁等矿物质。配制时加入这些元素。

4. 维生素

为了保障猴头的正常生长发育,培养基中必须含有足量的维生素 B_1、维生素 B_2、维生素 B_6 等。缺乏维生素 B_1 会导致菌丝生长缓慢,子实体的发育受到抑制。为了弥补维生素 B_1 的不足,可以在培养基中添加适量的麦麸或米糠,从而提供充足的维生素 B_1,有助于促进猴头的正常生长。

(二) 环境条件

1. 温度

猴头是一种中温型菌类,其菌丝的适宜生长温度为22~25 ℃,超过35 ℃时生长停止并逐渐衰老而死亡。猴头菌丝在低温下表现出较强的耐受性,在-20 ℃下能够越冬。子实体的形成需要在15~24 ℃的温度范围内进行,最适温度为18~20 ℃。当温度低于6 ℃或超过25 ℃时,子实体停止分化。

2. 水分和空气相对湿度

为了促进猴头的良好生长,适宜猴头菌丝生长的培养料应保持约65%的含水量。在菌丝生长期间，空气相对湿度应控制在 70%以下。而在猴头子实体生长期间，适宜的空气相对湿度为 90%～95%。若空气相对湿度低于 70%，子实体生长变缓，菌刺变短，品质变差，产量下降。反之，相对湿度超过 95%，子实体呈分枝状、菌刺变粗，可能形成畸形菇，抗逆能力下降。

3.空气

猴头作为好氧性真菌，在其菌丝生长阶段和子实体膨大期都需要充足的新鲜空气。特别是在猴头子实体生长期，对于二氧化碳浓度较为敏感。如果室内通气不良，或者二氧化碳浓度超过 0.1%，可能导致猴头子实体产生畸形。

4.光线

猴头菌丝在黑暗中可正常生长，但光线过强会影响其生长速度。子实体分化需 50 lx 的散射光，生长期适宜光强 200～400 lx。过强光照（>1000 lx）会导致子实体红褐色、品质下降。生长期菌刺具趋光性，频繁换光源可能导致弯曲、子实体不整，影响担孢子弹射，降低品质呈苦味。

5.酸碱度

猴头适应偏酸的环境，其菌丝生长的最适 pH 值为 4.5～5.5，范围在 2.4～8.5 之间。在 pH 值为 4 以下和 7 以上时，菌丝生长不良；而在 pH 值在 2 以下和 9 以上时，菌丝会完全停止生长。需要注意的是，猴头对石灰非常敏感，因此绝对不能使用石灰来调整培养环境的酸碱度。

实训 15 猴头菇环境条件调控

一、实训目的

1.掌握猴头菇环境调控的理论基础。

2.能够进行猴头菇生产中环境调控措施。

二、实训设备及器件

智慧农业环境控制系统、自记温湿度仪、照度计、气体测试仪、PH 检测仪、记录表。

三、实训地点

食用菌栽培室，生产示范基地。

四、实训步骤及要求

1. 环境监测

观测食用菌栽培室、示范基地内温度、湿度、光照、二氧化碳浓度及培养基中 PH 数值,并根据要求记录。

2. 数据整理

观测记录的数据进行整理。

3. 数据对比

将记录整理的数据与智慧农业环境控制系统中数据进行比较,判定记录准确性。

4. 根据数据结果,给出当前条件下,应如何进行环境调控。

五、实训分析与总结

猴头菇的生育环境条件至关重要,要明晰各阶段对环境条件的要求,并能够进行合理的调控管理。

【评分标准】

考核内容要求	考核标准(合格等级)
1. 观测、记录态度认真 2. 准确给出调控措施	A. 观测仪器指标认真,记录准确,能够与智慧系统无差异,做出的调控措施合理,可操作性强。 B. 观测仪器指标较认真,记录较准确,能够与智慧系统差异小,做出的调控措施较合理,能够进行操作。 C. 观测仪器指标不认真,记录缺乏准确性,与智慧系统差异大,做出的调控措施一般,可操作性一般。 D. 观测仪器指标不认真,记录不准确,与智慧系统差异明显,做出的调控措施不合理,无可操作性。

任务二 猴头菇生产技术

【知识目标】

1. 掌握猴头菇生产菌包制作。
2. 掌握猴头菇生产管理技术。

【技能目标】

能够熟练掌握猴头菇生产管理技术。

一、栽培季节与生产周期

（一）栽培季节

猴头是中温型菌类，其菌丝生长时需要环境温度维持在 25℃ 左右，而出菇的最适温度应在 15~24℃。由于中国地域广阔，南北气温差异大，栽培季节的安排需要根据当地气候条件因地制宜。猴头菌丝需经过 20~30 天的培养，才能由营养生长转入生殖生长阶段。为了合理安排生产，可根据当地气温达到出菇最适温度时向前推 25~30 天制作菌袋，以确保良好的生长条件和产量。

（二）生产周期

当前，猴头菇的主要栽培方式为袋栽。从接种至采收完成，整个过程大约需时 90 天。

二、培养料配方及处理

（一）培养料配方

	棉籽壳	玉米芯	豆秸粉	甘蔗渣	木屑	麦麸	米糠	棉籽饼粉	玉米粉	蔗糖	黄豆粉	石膏粉	过磷酸钙	水
1	82%					12%						1%	1%	适量
2	78%					20%						1%	1%	适量
3	73%				10%	15%						1%	1%	适量
4	52%				12%	10%	10%	8%	5%			1%	2%	适量
5		72%	5%		20%					1%		1%	1%	适量
6				76%		20%				1%	1%	1%	1%	适量

图 6-1　培养料配方

（二）培养料处理

在猴头的培养中，首先要根据当地的资源情况选择主、辅料，然后按照配方将这些干料混合拌匀。接着，需要加水搅拌，以确保料的含水量达到60%～65%的合适水平。

三、装袋

在猴头的培养过程中，常用的培养料袋规格为（17～19）cm × （45～55）cm × 0.004 cm 的低压高密度聚乙烯塑料袋，每袋装干料约 1kg。装袋可以采用人工或装袋机进行，确保装料的松紧适宜。装袋完成后，在料中部打一个接种孔，孔直径约 1.5 cm，然后塞好棉塞并用细绳扎紧。

四、灭菌

通常采用常压灭菌法进行灭菌，确保温度达到100℃并保持12小时以上。当料温降至60℃时，趁热将其搬入接种室。

五、接种

在猴头的培养中，当培养料的温度降至常温后，需要在袋的一面打 3～5 个接种穴，穴深为 1.5 cm，然后进行常规无菌接种。接种完成后，可以在袋外再套一个直径比袋大 1 cm 的袋，也可以使用胶布封穴。

六、发菌期管理

在猴头的培养中，接过种的袋子被放置在发菌场所，通常采用"井"字形堆放，堆叠层数一般不超过 10 层。在菌丝培养阶段，为了促进正常的发菌，需要保持发菌场所的温度在 22～23 ℃，空气相对湿度在 70%以下。此外，采用较暗的光线和保持新鲜的空气也是培养成功的关键因素。

七、出菇期管理

在猴头的培养过程中，当菌丝长满袋后，适宜的催蕾条件是气温稳定在 15～20 ℃，昼夜温差小于 5℃。催蕾时，需要将接种穴的老菌块挖掉，穴口朝下摆放在架子上，等穴口干燥后进行喷水。在幼菇期，保持空气相对湿度在 90% 左右，但不能直接向菇蕾喷水。当菇蕾长至乒乓球大小时，生长速度加快，仍需保持空气相对湿度在 90% 左右，同时控制温度在 15～24 ℃，给予 200～300 lx 的散射光，保持空气新鲜。（图 6-2）

图 6-2　猴头出菇

八、采收

采收的适期是当菌刺长至 0.5 cm 左右，子实体膨大基本停止、生长量不再增加时。在采收时，先喷雾洒水，增加空气相对湿度，减少空气中微生物的悬浮量。采收时要注意一手按着袋子，一手握着子实体，左右旋转几下，然后轻轻向上拔出，放入筐内。避免用力向上拔，以防将基部的菌丝带出，从而影响到第二潮菇的形成。及时采收有助于维持猴头的商品性和食用品质。

九、采后管理

在猴头的培养过程中，第一潮菇采收后需要立即清除残留在基部的碎片或菌膜。接着，停止洒水 4~5 天，让菌丝休养生息积累营养。当表面菌丝发白时，立即增加洒水量，提高空气相对湿度。经过 7~10 天的培养，第二潮菇开始形成，此时需要继续管理温度、湿度、光线和通风等方面，保持与第一潮菇一致的管理条件。这样的操作有助于稳定猴头的生长环境，促使第二潮菇的正常发育。

实训 16　猴头菇生产技术管理

一、实训目的

1. 掌握猴头菇生产方法。
2. 能够进行猴头菇生产管理。

二、实训设备及器件

试验用大棚、猴头菇成熟菌袋、喷水设施、采收用具，记录表。

三、实训地点

生产示范基地。

四、实训步骤及要求

1. 猴头菇成熟菌包判定

按设计要求进行猴头菇成熟菌袋判定，并根据要求记录。

2. 进行猴头菇菌包出菇前处理

通过参与菌包出菇前操作，掌握标准及操作技巧。

3. 出菇管理

根据环境条件控制标准，对猴头菇进行管理，包括出菇温度、干湿管理、棚室管理及适时采收等。

4. 根据数据、管理结果，给出评判。

五、实训分析与总结

猴头菇生产要素调控，并能够进行合理的出菇管理。

【评分标准】

考核内容要求	考核标准（合格等级）
1. 观测、记录态度认真 2. 准确进行出菇管理	A. 观测菌袋标准认真，记录准确，能够根据棚室特点适当管理，可操作性强。猴头菇单袋产量超过平均产量20%以上。 B. 观测菌袋标准较认真，记录较准确，基本能够根据棚室特点适当管理，可操作性较强。猴头菇单袋产量与平均产量持平。 C. 观测菌袋标准一般认真，记录大致准确，未能根据棚室特点适当管理，可操作性一般。猴头菇单袋产量低于平均20%以内。 D. 观测菌袋标准不认真，记录不准确，不能够根据棚室特点适当管理，无可操作性强。猴头菇单袋产量低于平均20%以上。

组织分离制种详细视频讲解见资源 6-1。

资源 6-1

项目七 滑菇生产技术

任务一 滑菇生产基础

【知识目标】

1. 明确滑菇生产特点。
2. 掌握滑菇生活条件。

【技能目标】

熟练掌握滑菇生活条件指标及调控。

滑菇［Pholiota nameko （T. Ito） S. Ito & S. Imai］又被称为光帽鳞伞、滑子蘑、珍珠菇，属于真菌界中的担子菌门，层菌纲，伞菌目，球盖菇科，环锈伞属。这种菇的名称源自其菇盖表面黏滑的特征。

滑菇自然发生在春、秋两季，主要分布于中国和日本。在日本，滑菇的栽培历史较长。而在中国，自20世纪80年代以来，滑菇的较大规模栽培逐渐兴起，主要集中在吉林、黑龙江、辽宁、河北等地。

滑菇具有丰富的营养，口感鲜美。根据分析，每100g干菇含有大约33.76g粗蛋白、4.05g脂肪、38.99g总糖、14.23g纤维素以及8.99g灰分。此外，滑菇还富含维生素C、维生素D、B族维生素等，同时含有多糖类物质，对肿瘤有一定的抑制作用。

滑菇具有朵形小、生长旺盛、耐寒性强等特点，因此适合我国北方地区的栽培。其菇体圆整，色泽艳丽，商品形态良好，风味独特，因而深受市场欢迎。

一、形态特征

（一）菌丝体

滑菇的菌丝呈绒毛状，初期呈白色，后逐渐变为奶黄色或淡黄色。在 PDA（Potato Dextrose Agar，马铃薯葡萄糖琼脂）培养基上，如果培养温度稍高，滑菇菌丝容易产生分生孢子。

（二）子实体

滑菇为丛生真菌，子实体特征明显。菌盖半球形，中央凹陷，边缘波浪状，表面光滑黏液。菌褶白色或乳黄，成熟后浅褐或赭色，密集排列。菌柄圆柱形，上部膜质环，乳黄至浅褐，下部黄褐色绒毛。孢子椭圆或卵形，肉桂色。

二、生长发育条件

（一）营养条件

滑菇为腐生菌类，以腐烂有机物为生存基质。人工栽培中利用的碳源有单糖、双糖、多糖、木质素和纤维素等。培养料如棉籽壳、玉米芯等废弃物富含纤维素和木质素。最适氮源为蛋白胨和酵母膏，硝酸铵和硫酸铵也可。培养料中加麦麸、米糠、玉米粉等补充氮源，促进滑菇生长。

（二）环境条件

1.温度

滑菇属低温变温结实性菇类，生长需适宜温度。最佳菌丝生长温度为22～28℃，子实体形成最适15℃。7～12℃温差有助原基形成，子实体生长最佳温度6～20℃，7～12℃下品质佳。高于20℃或低于7℃不利生长，10℃左右温差有利原基形成。

2.水分和空气相对湿度

滑菇为喜湿性菌类，生长过程对湿度有明显要求。菌丝生长阶段，培养料含水量60%～65%，空气湿度70%时，生长良好。子实体生长阶段，空气湿度需控制在85%～95%以获优质产品。高湿度下，菌盖表面黏性物质有益于提高产品质量。

3.空气

滑菇是好氧性菌类，发育期需充足氧气。在潮湿空气中或高二氧化碳环境下，易生畸形菇。

4.光线

滑菇生长不依赖光线，但适量弱散射光有助于原基形成。子实体形成发育需300～800 lx散射光，否则质量差，如菇少、色淡、盖小、柄长、易开伞。

5.酸碱度

菌丝在pH4.5～7环境可生长，最适生长条件为pH5.5～6.5。

实训17 滑菇环境条件调控

一、实训目的

1.掌握滑菇环境调控的理论基础。

2.能够进行滑菇生产中环境调控措施。

二、实训设备及器件

智慧农业环境控制系统、自记温湿度仪、照度计、气体测试仪、PH检测仪、记录表。

三、实训地点

食用菌栽培室，生产示范基地。

四、实训步骤及要求

1.环境监测

观测食用菌栽培室、示范基地内温度、湿度、光照、二氧化碳浓度及培养基中PH数值，并根据要求记录。

2.数据整理

观测记录的数据进行整理。

3.数据对比

将记录整理的数据与智慧农业环境控制系统中数据进行比较，判定记录准确性。

4.根据数据结果，给出当前条件下，应如何进行环境调控。

五、实训分析与总结

滑菇的生育环境条件至关重要，要明晰各阶段对环境条件的要求，并能够进行合理的调控管理。

【评分标准】

考核内容要求	考核标准（合格等级）
1.观测、记录态度认真 2.准确给出调控措施	A.观测仪器指标认真，记录准确，能够与智慧系统无差异，做出的调控措施合理，可操作性强。 B.观测仪器指标较认真，记录较准确，能够与智慧系统差异小，做出的调控措施较合理，能够进行操作。 C.观测仪器指标不认真，记录缺乏准确性，与智慧系统差异大，做出的调控措施一般，可操作性一般。 D.观测仪器指标不认真，记录不准确，与智慧系统差异明显，做出的调控措施不合理，无可操作性。

任务二　滑菇生产技术

【知识目标】
1.掌握滑菇生产菌包制作。
2.掌握滑菇生产管理技术。

【技能目标】
能够熟练掌握滑菇生产管理技术。

一、栽培季节

滑菇的栽培季节因地区气候、品种和栽培方式的不同而有所变化。在主产区如辽宁和河北，春季播种秋季收获是一种主要的栽培模式。栽培采用块栽方式，适宜的播种期为2~3月，发菌期在4~8月。出菇期则在9月气温下降至20℃以下开始，11月下旬结束，整个出菇周期为2~3个月。

二、培养料配方及配制

（一）培养料配方

	阔叶树木屑	棉籽壳	玉米芯	麦麸	糖	石膏	水
1	84%			15%		1%	适量
2		88%		10%	1%	1%	适量
3	49%		40%	10%		1%	适量

图 7-1　培养料配方

（二）培养料配制

制备培养料：按配方混合原材料，加水拌匀。注意含水量，手握取少量，湿而不滴。保持适宜湿度。

三、装袋

培养滑菇常用（17~20）cm ×（33~35）cm ×0.004cm 的低压高密度聚乙烯塑料袋，装袋时松紧适中，稍压实。在袋中央打 1.5cm 直径的透气孔，并扎成活结。

四、灭菌

保证培养料无菌，常采用常压灭菌法。袋装培养料及时入锅，升温至 100℃ 保持 10 小时灭菌。灭菌后移至接种室，为滑菇培育创造良好环境。

五、接种

在培养袋内温度降至 20℃ 以下时，进行接种。在进行接种操作时，必须严格按照规程进行，特别要注意确保两端的接种步骤正确。

六、菌袋培养期管理

在菌袋培养中,保持 18～20℃的温度,70%以下湿度,暗光线和良好通风。菌丝黄褐色时,调温至 23～26℃。

七、出菇期管理

当菌丝长满袋后,解开两端的塑料袋口,促使菌丝转色形成蜡质层。淡黄色蜡质层且手拍打有嘭嘭声表明菌丝已经生理成熟,可进行出菇管理。在稳定的温度条件下,将菌袋的薄膜外翻,露出培养料,然后将其放在出菇架或地面上,覆盖塑料薄膜。等蜡质层完全形成后,对裸露的菌块料面进行划面处理。控制菇房温度在 10～15℃,保持空气相对湿度在 90%左右,增加散射光照,以促进原基形成和子实体的生长(图 7-2)。

图 7-2　袋栽滑菇出菇

1.水分管理

当菌盖长至 0.3～0.5cm,可喷雾状水于菇体及菌块表面。喷水次数视棚内湿度与子实体生长而定,保持相对湿度 85%～95%。喷水时,注意控制喷雾量,以防过多水分影响透气性。

2.温度控制

最佳滑菇子实体生长温度为 10~15℃，菇房内需谨慎控温，避免超过 20℃。高温导致子实体色淡、黏液少、盖小、易开伞、柄细长。低温使生长缓慢，易畸形，表现为盖表皱褶、色深、黏液厚、柄短而粗、基部肥大。

3.通风管理

防止畸形菇，需及时通风。15℃时，中午 1 小时通风。气温低，适度减通风量。通风时，注意前后孔错开，避免过强堂风，防止菇蕾失水。

4.光线

促进子实体生长需 300~800 lx 散射光。光线不足导致菇体色淡、开伞早、盖小。光照过强则子实体颜色加深、菌柄粗短。

八、后潮菇管理

在完成一轮的采收后，停止对菌床的喷水。此时，使用塑料薄膜覆盖菌袋，经过 7 天的养菌过程，原基再次出现，此时可以继续进行后续的出菇管理。

九、采收

为了保证最佳品质，滑菇应在未开伞前采收。采收时机为菌盖直径 2~3cm，边缘即将离开菌柄，菌膜未开裂，菇体呈半球状时。此时的滑菇质地鲜嫩，油润光滑，品质最佳。在采收时，使用左手的中指和食指按住菌根部的菌块，右手捏住菇柄轻轻向上拔，确保将整个菇全部采下。

实训 18　滑菇生产技术管理

一、实训目的

1.掌握滑菇生产方法。

2.能够进行滑菇生产管理。

二、实训设备及器件

试验用大棚、滑菇成熟菌袋、喷水设施、采收用具，记录表。

三、实训地点

生产示范基地。

四、实训步骤及要求

1.滑菇成熟菌包判定

按设计要求进行滑菇成熟菌袋判定,并根据要求记录。

2.进行滑菇菌包出菇前处理

通过参与菌包出菇前操作,掌握标准及操作技巧。

3.出菇管理

根据环境条件控制标准,对滑菇进行管理,包括出菇温度、干湿管理、棚室管理及适时采收等。

4.根据数据、管理结果,给出评判。

五、实训分析与总结

滑菇生产要素调控,并能够进行合理的出菇管理。

【评分标准】

考核内容要求	考核标准(合格等级)
1.观测、记录态度认真 2.准确进行出菇管理	A. 观测菌袋标准认真,记录准确,能够根据棚室特点适当管理,可操作性强。滑菇单袋产量超过平均产量20%以上。 B. 观测菌袋标准较认真,记录较准确,基本能够根据棚室特点适当管理,可操作性较强。滑菇单袋产量与平均产量持平。 C. 观测菌袋标准一般认真,记录大致准确,未能根据棚室特点适当管理,可操作性一般。滑菇单袋产量低于平均20%以内。 D. 观测菌袋标准不认真,记录不准确,不能根据棚室特点适当管理,无可操作性强。滑菇单袋产量低于平均20%以上。

滑菇生产技术管理详细视频讲解见资源7-1。

资源7-1

项目八　金针菇生产技术

任务一　金针菇生产基础

【知识目标】

1. 了解金针菇发展概况。
2. 明确金针菇生产特点。
3. 掌握金针菇生活条件。

【技能目标】

熟练掌握金针菇生活条件指标及调控。

金针菇 [Flammulina velutipes（Curtis）Singer]，又被称为毛柄金钱菌、冬菇、朴菇、构菌、冻菌等，属于真菌界中的担子菌门，层菌纲，伞菌目，口蘑科，金针菇属。

金针菇是一种在全球范围内广泛分布的菌类，其生长地包括中国、日本、韩国、俄罗斯、澳大利亚、北美和非洲等地。在中国，金针菇分散在各省市区域。这一菌种通常在初冬到早春季节，在阔叶树的根部或腐朽的树干上迅速生长。

金针菇以其丰富的营养成分而脱颖而出，含有丰富的蛋白质、维生素和矿物质，处于肉类和蔬菜之间的营养地位。尽管其蛋白质含量不及肉类，但脂肪含量却相对较低。特别是在氨基酸方面，金针菇具备18种氨基酸，其中8种为人体必需，其必需氨基酸含量更高于其他菇类。赖氨酸和精氨酸的丰富含量使得金针菇成为儿童食品的理想添加剂，有助于促进儿童身体发育和智力提升。

金针菇不仅是一种美味食材,更是一种具有显著药用价值的食物。其中富含的可食性纤维素有助于肠胃蠕动、促进消化,同时能够排除重金属离子并降低胆固醇水平。朴菇素作为一种分子量为 24000 的碱性物质,展现了在抑制小白鼠艾氏腹水瘤 S-180 方面的强大效果。此外,经常食用金针菇还能预防高血压、治疗肝病,并显著提高人体免疫能力。

金针菇的生产主要集中在中国和日本,其中日本和中国台湾省更倾向于采用工厂化生产方式。在中国内地,金针菇的发展相对迅速,各省(区)普遍进行栽培,栽培方式多基于当地的自然气候条件。中国金针菇的工厂化栽培技术已经非常成熟,产业发展快速,涌现出多家规模庞大的生产企业。

一、形态特征

(一)菌丝体

菌丝体是一种由多个菌丝相互交织而成的结构,其中双核菌丝呈现白色绒毛状并具有锁状联合。在菌丝的生长过程中,会发生断裂现象,导致大量粉孢子的形成。

(二)子实体

金针菇的子实体基部相连,呈束丛生且呈假分枝状。菌盖最初为白色球状,随后逐渐变成半球形,颜色由乳黄色变为白色,后期逐渐平展,边缘内卷,直径在 1~7cm 之间。菌盖表面具有一层胶质膜,在湿润时光滑且带有黏性。菌肉为白色,中央部分较厚,边缘较薄。菌褶呈白色或乳白色,排列较稀疏,呈辐射状,生长弯曲。菌柄为圆柱形,上下等粗或上部稍细,长度在 3~7cm,直径在 0.2~1cm 之间,颜色由深褐色逐渐过渡到浅黄色,表面密生绒毛。菌柄内部脆骨质,中生,初期具有髓心,后期逐渐变中空。孢子为长椭圆形,表面有横沟,大小为(6.5~7.8)μm ×(3.5~4)μm,产生的孢子印为白色。

二、生长发育条件

（一）营养条件

1.碳源

金针菇菌丝以吸收培养料中有机物获取碳源，如纤维素、木质素、淀粉、糖类等。需通过产生胞外酶分解大分子碳源，但相比其他蘑菇，金针菇这方面较弱。生产时加葡萄糖或蔗糖可诱导胞外酶产生，增强分解能力。

2.氮源

金针菇菌丝以有机氮吸收为主，对铵盐和硝酸盐利用能力强，但对亚硝酸盐利用效果不佳。生产中，培养料常加麦麸、豆饼、米糠等提供氮源。生长阶段碳氮比应保持在20:1，子实体生长阶段则宜维持在35:1。

3.矿物质元素

金针菇生长需钾、镁、钙、磷等矿物质元素。培养料配制时，添加磷酸二氢钾（0.1%~0.2%）、硫酸镁（0.03%~0.05%）、过磷酸钙（1%~1.5%）、碳酸钙（1%~2%）或石膏（1%~2%），补充矿物质元素，促进金针菇生长发育。

4.生长素

金针菇生长需维生素 B_1 和微量 B_2。因金针菇无法自行合成 B_1，培养基配制时需添加富含 B_1 的物质如麦麸、米糠。金针菇对激素如α-萘乙酸、三十烷醇有促进作用，对菌丝生长及子实体形成有益。

（二）环境条件

1.温度

金针菇在不同阶段对温度的需求和适应性表现出多样性。孢子产生适宜温度在0~15℃，孢子萌发最适温度为20℃。菌丝生长适宜温度为22~26℃，但对低温有强耐寒能力，在-21℃的低温下也能存活。高温时，菌丝生长速度明显减慢，甚至在34℃时完全停止生长，但在温度恢复正常时可重新开始生长。金针菇为低温结实性菇类，子实体形成和发育的最适温度为10~15℃，低于5℃或超过20℃时原基停止分化。

2.水分和空气相对湿度

金针菇生长受培养料含水量和空气湿度影响。适宜含水量约60%，菌丝生长阶段保持空气湿度60%～70%。子实体生长阶段，空气湿度提高至90%以促进子实体发育。

3.空气

金针菇是好氧真菌，其子实体对二氧化碳敏感。缺氧或二氧化碳过多均抑制菌盖生长。优质金针菇标准为小菌盖、长菌柄、颜色浅。利用其对二氧化碳敏感性，可在管理中提高二氧化碳浓度。做法为：在小菇蕾长至瓶（袋）口时，套上牛皮纸或报纸制成的喇叭状纸筒或塑料袋，使筒内二氧化碳积累，抑制菌盖生长，促进菌柄生长，以获优质金针菇。

4.光线

金针菇的菌丝生长不受光线影响，但在子实体生长阶段，适量的散射光是必要的，完全黑暗下子实体形成较为困难。散射光刺激可增加原基形成的数目，但过强的光线会影响子实体的正常发育，表现为柄短、盖大、颜色深。为了获得优质的金针菇，栽培环境应保持相对较暗的光线。金针菇子实体表现出明显的趋光性，朝光源方向生长，光源方向变化可导致产生畸形菇。此外，在不同光照条件下，金针菇子实体的颜色也会有所反应，黑暗条件下色泽较浅，而强光下菌柄基部色素加深并产生褐色绒毛。在金针菇子实体的生长发育中，适宜的散射光强度约为100x左右。

5.酸碱度

金针菇菌丝生长适应的pH值范围较广，为3.0～8.4，其中最适宜的pH值为5.0～7.5。

实训19 金针菇环境条件调控

一、实训目的

1.掌握金针菇环境调控的理论基础。

2.能够进行金针菇生产中环境调控措施。

二、实训设备及器件

智慧农业环境控制系统、自记温湿度仪、照度计、气体测试仪、PH检测仪、记录表。

三、实训地点

食用菌栽培室，生产示范基地。

四、实训步骤及要求

1.环境监测

观测食用菌栽培室、示范基地内温度、湿度、光照、二氧化碳浓度及培养基中 PH 数值，并根据要求记录。

2.数据整理

观测记录的数据进行整理。

3.数据对比

将记录整理的数据与智慧农业环境控制系统中数据进行比较，判定记录准确性。

4.根据数据结果，给出当前条件下，应如何进行环境调控。

五、实训分析与总结

金针菇的生育环境条件至关重要，要明晰各阶段对环境条件的要求，并能够进行合理的调控管理。

【评分标准】

考核内容要求	考核标准（合格等级）
1. 观测、记录态度认真 2. 准确给出调控措施	A. 观测仪器指标认真，记录准确，能够与智慧系统无差异，做出的调控措施合理，可操作性强。 B. 观测仪器指标较认真，记录较准确，能够与智慧系统差异小，做出的调控措施较合理，能够进行操作。 C. 观测仪器指标不认真，记录缺乏准确性，与智慧系统差异大，做出的调控措施一般，可操作性一般。 D. 观测仪器指标不认真，记录不准确，与智慧系统差异明显，做出的调控措施不合理，无可操作性。

任务二 金针菇生产技术

【知识目标】
1.掌握金针菇生产菌包制作。
2.掌握金针菇生产管理技术。

【技能目标】
能够熟练掌握金针菇生产管理技术。

一、栽培季节及生产周期

（一）栽培季节

华北地区金针菇接种时间安排在8月下旬至10月上旬，11月上旬可上市。南方地区因气温较高，接种时间相对较晚（10月下旬至11月下旬），12月可上市。金针菇栽培季节需根据当地气候条件调整，灵活掌握，确保各地获得良好生长效果和产量。

（二）生产周期

金针菇主要通过熟料袋栽培的方式进行生产。整个生产周期从金针菇的接种到采收通常需要45～60天。

二、塑料袋栽培技术

（一）常用培养基配方

	棉籽壳	玉米芯	麦麸（米糠）	木屑	玉米粉	石膏	石灰	水
1	88%		10%			1%	1%	适量
2	44%	44%	10%			1%	1%	适量
3	25%	53%	10%			1%	1%	适量
4	38%		32%	25%	3%	1%	1%	适量

图 8-1　常用培养基配方

（二）拌料

培养料配方确定后，先干拌原料混匀。然后，石膏或石灰溶于水后加入。最后，加水至适量，搅拌均，使含水量达 60%～65%。

（三）装袋

金针菇栽培选用低压高密度聚乙烯折角袋，规格约为（17～18）cm ×（35～38）cm ×0.004cm。装料步骤：先压实袋子两角，边装边压，保证虚实一致。装至半袋，保持适中虚实。预留塑料袋部分空着，出菇时撑起替代纸筒。最后，在料中打一孔，塞棉花塞扎口。

（四）灭菌

一般采用常压灭菌，维持 100 ℃12 h 以上。

（五）接种

培养料温度降至常温时，进行无菌接种。

（六）发菌期管理

在金针菇培养过程中，接种后的料袋首先置于 23～25℃的培养室，促进菌种生长。8~10 天后，降温至 2~3℃，当菌丝发至 2/3 时，再降至 20℃，以增强菌丝健壮。保持湿度 65%~70%，提供充足氧气和弱光。翻堆操作频繁，移袋均匀分布，检查杂菌感染，及时剔除污染袋，保持环境纯净。

（七）搔菌

搔菌是为了去除原来的菌种块和在菌丝生长过程中形成的菌膜，因为这两者会对子实体的形成产生影响。清除老的菌种块有助于防止长出小的子实体，同时划破菌膜可以使菌丝与空气接触，从而刺激原基的形成，有利于子实体的生长。

在金针菇栽培过程中，当菌丝发满整个袋并在表面出现浅黄色露珠状分泌物时，需要立即进行搔菌。搔菌的步骤包括去除棉塞，撑直上端空余的部分，使用搔菌匙挖掉表面的老菌块，划破形成的菌膜，以增加菌丝与氧气的接触，刺激菌蕾的快速形成。搔菌工具可以自制，使用 8 号铁丝或 12 号钢筋砸扁后锉平弯成小铲，也可以使用小勺。搔菌前需擦拭和灼烧工具，确保其清洁卫生。搔菌后，要用薄膜覆盖菌袋，注意保湿，以促进菌蕾的生长。

（八）催蕾

在搔菌后，为了促进金针菇的正常生长，需要将栽培室内的温度调整到 10~15 ℃。在低温刺激下，料表面会出现淡黄色露珠，幼嫩的菇蕾开始形成。为了创造适宜的生长环境，室内空气相对湿度应提高至 85%~90%，并进行每日早、中、晚各通风 1 次，每次 20~30 分钟，增加通气。此外，给予散射光照也是必要的。在幼菇形成初期进行洒水时，要注意避免一次过多，以防止水流至基部引起变褐和"根腐病"导致减产。当室内空气相对湿度达到 90% 时，在洒水的同时要进行通风，以防止氧气不足影响菌盖的形成。

（九）抑制

在金针菇现蕾 3~5 天、菌盖仅有半个绿豆大小、菌柄刚伸长 1~2 cm 时，应立即进行抑制。抑制是通过调节温度、湿度、通风和光线来减缓幼蕾的生产速度，以促使子实体长得更粗壮整齐。抑制的具体方法包括将温度降至 5℃、停止洒水以降低相对湿度、增加通风时间,同时使用 40 W 日光灯进行光抑制。这些抑制措施需维持 2~3 天,使金针菇的生长速度放缓,明显抑制大菇的生长,而小菇的受抑制不显著,从而达到均匀生长的目的。

(十)子实体生长期管理

抑制后,保持温度 10℃、湿度 85%~90%,增大气流通,促进金针菇生长。金针菇袋栽有立式、卧式两种出菇形式。

1.立式出菇

将塑料袋垂直放置于架上或地面上,并确保袋上端空余的塑料袋被撑直。金针菇适应在低温下生长,因此在冬季并不需要加温,可以通过调控措施满足其生长的要求。在 12 月至翌年 3 月期间,自然气温较低,可通过开窗进暖空气、晚上关窗保温等措施,维持室内约 8℃的温度。尽管在这样的环境下,金针菇的生长速度可能较慢,但菇体会生长得更加均匀、光泽晶莹,品质上佳(图 8-2)。到了翌年 3 月,随着气温的升高,需要加强通风管理,增加洒水次数,以维持较高的空气相对湿度和良好通风条件,从而培养出商品性好的金针菇。

图 8-2 金针菇出菇

2.卧式出菇

卧式出菇是利用塑料袋平放于架上或地面进行出菇的方法,空间利用率高，但商品外观一般。分为一头出菇和两头出菇两种。一头出菇袋长33cm，装料17cm，预留10cm撑直。平码时，袋底相对，袋口朝外。两头出菇袋长50cm，装料25cm，两端各预留10cm。单排平码堆放，堆高40至50cm，堆长视栽培场所而定。堆放后用塑料薄膜覆盖，袋口撑开，薄膜应严密覆盖，与地面接触处多出8至10cm。浇水使薄膜与地面紧贴，提高保湿。卧式出菇优点：管理便捷、节省劳动力、效率高。金针菇长至8至10cm时，增加通风次数。

（十一）采收

袋装金针菇生长期45~60天，柄长12~15cm、菌盖半球状时采收。采收前2~3天停水、降湿度，利用通风除菇表水，保证品质。采收时轻卷塑料袋，近菇柄基部采下。

（十二）采后管理

在第一潮金针菇采后，及时进行采后管理至关重要。这包括清理料面，去除死菇及残余物质，并进行补水。由于金针菇体内水分主要来源于料内，自然蒸发导致含水量降至50%以下，若不及时补水，会明显影响下一潮金针菇的形成和生长。补水方式根据出菇形式不同而异，可以向直立出菇的袋内灌水，或者用薄膜覆盖两头出菇的塑料袋。补水后需通风1~2次，以防止表面湿度影响深层菌丝呼吸。在使用搔菌匙搔破菌袋表面后，经过7~10天的培养，第二潮金针菇蕾开始形成，随后进行常规管理，从蕾到采收大约需要10天。

三、瓶栽技术

金针菇的工厂化生产主要采用瓶栽技术，通过不同的车间分工包括菌丝培养室、催蕾室、抑菌室、出菇室等，整个生产过程实现自动控制，对温度、湿度、通风、光线等进行自动调节，以提高生产效率和保障金针菇的质量。生产时使用的瓶子为聚丙烯塑料广口瓶，生产过程包括拌料、装瓶、灭菌、接种、发菌、出菇等步骤，采用流水作业方式进行。

实训20 金针菇生产技术管理

一、实训目的

1.掌握金针菇生产方法。

2.能够进行金针菇生产管理。

二、实训设备及器件

试验用大棚、金针菇成熟菌袋、喷水设施、采收用具，记录表。

三、实训地点

生产示范基地。

四、实训步骤及要求

1.金针菇成熟菌包判定

按设计要求进行金针菇成熟菌袋判定，并根据要求记录。

2.进行金针菇菌包出菇前处理

通过参与菌包出菇前操作，掌握标准及操作技巧。

3.出菇管理

根据环境条件控制标准，对金针菇进行管理，包括出菇温度、干湿管理、棚室管理及适时采收等。

4.根据数据、管理结果，给出评判。

五、实训分析与总结

金针菇生产要素调控，并能够进行合理的出菇管理。

【评分标准】

考核内容要求	考核标准（合格等级）
1.观测、记录态度认真 2.准确进行出菇管理	A.观测菌袋标准认真，记录准确，能够根据棚室特点适当管理，可操作性强。金针菇单袋产量超过平均产量20%以上。 B.观测菌袋标准较认真，记录较准确，基本能够根据棚室特点适当管理，可操作性较强。金针菇单袋产量与平均产量持平。 C.观测菌袋标准一般认真，记录大致准确，未能根据棚室特点适当管理，可操作性一般。金针菇单袋产量低于平均20%以内。 D.观测菌袋标准不认真，记录不准确，不能够根据棚室特点适当管理，无可操作性强。金针菇单袋产量低于平均20%以上。

项目九　杏鲍菇生产技术

任务一　杏鲍菇生产基础

【知识目标】
1. 了解杏鲍菇发展概况。
2. 明确杏鲍菇生产特点。
3. 掌握杏鲍菇生活条件。

【技能目标】
熟练掌握杏鲍菇生活条件指标及调控。

杏鲍菇,商品名为刺芹侧耳,民间称杏味鲍鱼菇。生长于大型伞科植物根部或枯死植株上。属于担子菌门、伞菌目、侧耳科、侧耳属。

杏鲍菇分布于欧洲南部、非洲北部及中亚,生长于高山、草原、沙漠地带,品质优良。生态型多样,垂直分布各异。不同国家、地区或生态环境引进的菌株具有不同生物学特性,栽培时需注意。

自1993年,我国专注杏鲍菇生物学特性、菌种选育及栽培研究,取得显著成果。福建、江西、浙江、广东、江苏、湖北、河南、河北、山东、上海等地区开展杏鲍菇商业栽培。

杏鲍菇,肉质肥厚、口感脆嫩、营养丰富、味道鲜美,受消费者喜爱。因其独特杏仁香和外观似鲍鱼,得名杏鲍菇。100g干杏鲍菇含蛋白质30.8g、脂肪1.5g、碳水化合物43.8g、纤维13.2g、灰分9.1g。含全人必需8种氨基酸,及多糖、维生素、矿物质等活性物质,具高营养价值和保健功能。

杏鲍菇，兼具食药价值的菇类，食用有降压效果，对胃溃疡、肝炎、心血管疾病、糖尿病有预防和辅助治疗作用，能提升免疫力，增强抗病能力。

一、形态特征

（一）菌丝体

杏鲍菇菌丝呈白色，绒毛状，具有分枝和分隔，形态呈现管状，为多细胞结构。其双核菌丝具有独特的锁状联合特征。

（二）子实体

杏鲍菇，大型肉质伞菌，单生或丛生。菇盖直径2～12cm，初期半球形，后平展，中央漏斗状。幼时淡灰色，成熟淡黄白或红茶色，中心放射状黑纹。菇柄2～8cm，直径0.5～3cm，偏生，形状多样。表面光滑，近白色，中实，肉质纤维状。菌肉白色厚实，杏仁味，无乳汁。菌褶延生，密集，乳白，易变黄。孢子纺锤形，大小9.58～12.5μm×5.0～6.25μm，表面光滑无色。孢子印白至浅黄。

二、生长发育条件

（一）营养条件

杏鲍菇营养利用方面，能利用大分子物质如纤维素、半纤维素、木质素、淀粉等，及低分子单糖（如葡萄糖、果糖）和双糖（如蔗糖、麦芽糖）。有机氮源主要依赖蛋白质、氨基酸、蛋白胨、牛肉膏、豆饼、麦麸等。栽培常用棉籽壳、木屑、玉米芯为主料，结合麦麸等辅料大规模生产。杏鲍菇对碳源、氮源要求较严格，氮源充足时，菌丝生长粗壮、洁白、迅速，产量更高。

（二）环境条件

1.温度

杏鲍菇菌丝生长适温为23～27℃，子实体发育适温为12～15℃。温度过低或过高都会影响生长和发育。不同菌株对温度适应范围不同，栽培时需注意。杏鲍菇为低温变温结实性菇类，温差刺激有利于原基形成和子实体发生，高温型品系所需温差较小，中低温品系所需温差较大。在恒温条件下，子实体原基难以形成。

2.水分和空气相对湿度

培养料含水量应保持在60%~65%间，确保适宜湿度。菌丝发育阶段，空气湿度约60%。子实体生长阶段，湿度提高至90%。湿度超过95%易引发病虫害和腐烂，低于80%则原基难形成或干裂不分化。须保持适宜湿度，确保菌丝和子实体正常生长。

3.空气

杏鲍菇生长中对氧气需求呈差异性。菌丝生长期较宽泛，二氧化碳浓度上升至2.2%不影响生长。子实体生长阶段需充足氧气，避免二氧化碳过度积累。通风条件不佳会导致子实体难正常生长，高温高湿环境可能导致腐烂。为确保生长，菇房需保持良好通风。

4.光线

杏鲍菇菌丝生长无需光照，黑暗环境有利；强光抑制。子实体发育需散射光，光照强度500~1000 lx。无光照，子实体无法形成。光照强度影响子实体品质，过强导致颜色发黄，适中则洁白。

5.酸碱度

杏鲍菇适于中性偏酸环境生长，菌丝在pH4~8可生长，以5~6最适宜。

实训21　杏鲍菇环境条件调控

一、实训目的

1.掌握杏鲍菇环境调控的理论基础。

2.能够进行杏鲍菇生产中环境调控措施。

二、实训设备及器件

智慧农业环境控制系统、自记温湿度仪、照度计、气体测试仪、PH检测仪、记录表。

三、实训地点

食用菌栽培室，生产示范基地。

四、实训步骤及要求

1.环境监测

观测食用菌栽培室、示范基地内温度、湿度、光照、二氧化碳浓度及培养基中PH数值,并根据要求记录。

2.数据整理

观测记录的数据进行整理。

3.数据对比

将记录整理的数据与智慧农业环境控制系统中数据进行比较,判定记录准确性。

4.根据数据结果,给出当前条件下,应如何进行环境调控。

五、实训分析与总结

杏鲍菇的生育环境条件至关重要,要明晰各阶段对环境条件的要求,并能够进行合理的调控管理。

【评分标准】

考核内容要求	考核标准(合格等级)
1. 观测、记录态度认真 2. 准确给出调控措施	A. 观测仪器指标认真,记录准确,能够与智慧系统无差异,做出的调控措施合理,可操作性强。 B. 观测仪器指标较认真,记录较准确,能够与智慧系统差异小,做出的调控措施较合理,能够进行操作。 C. 观测仪器指标不认真,记录缺乏准确性,与智慧系统差异大,做出的调控措施一般,可操作性一般。 D. 观测仪器指标不认真,记录不准确,与智慧系统差异明显,做出的调控措施不合理,无可操作性。

任务二 杏鲍菇生产技术

【知识目标】
1.掌握杏鲍菇生产菌包制作。
2.掌握杏鲍菇生产管理技术。

【技能目标】
能够熟练掌握杏鲍菇生产管理技术。

一、栽培季节

为保证杏鲍菇正常生长，需严格控制 12~15℃的适宜温度。根据地区、时节和品种差异，灵活选择栽培期。以当地气温降至 18℃以下为基准，提前 50 天制作栽培袋，确保生长环境最佳。

二、培养料配方及处理

（一）培养料配方

	棉籽壳	玉米芯	麦麸	木屑	尿素	石膏	蔗糖	水
1	80%		18%			1%	1%	适量
2	20%	12%	20%	45%	0.5%	1.5%	1%	适量
3	40%	40%	18%			1%	1%	适量
4	36%	20%	24%	33%		1%	1%	适量
5		78%	20%			1%	1%	适量

图 9-1 培养料配方

（二）培养料处理

在挑选了适宜的栽培原料之后，我们需要先将这些原料进行干燥并均匀混合。随后,加水进行搅拌,确保培养料的水分含量在60%～65%之间。

三、装袋

在选用低压聚乙烯塑料袋时,应确保其规格为15～17cm × 33～35cm × 0.004cm。在装袋过程中,要确保袋子的松紧适中。

四、灭菌

一般采用常压灭菌100 ℃保持12h以上。

五、接种

30℃以下进行接种,严格无菌操作。采用两头接种,1袋菌种可接15～20袋。

六、发菌期管理

接种后料袋应墙式排放,每堆5～6层,堆与堆留空隙以确保空气流通。8月下旬高温时,根据气温调整层数,上下袋间放小竹竿或干净木条防"烧菌"。发菌期控温25℃,湿度70%以下,保证氧气供应、暗光环境,促进菌丝健壮生长。每10天左右翻堆一次,翻堆时拣出杂菌,禁止刺孔增氧以防原基形成。经合理管控,菌丝约30～40天发满菌袋,实现良好培养效果。

七、出菇期管理

杏鲍菇满袋后,移至菇棚,按催蕾规程操作。打开菌袋口,搔菌处理,刮去菌种块及老化菌皮。低温处理3天,保持湿度90%,温度10～15℃,提供充足氧气和散射光。10～15天后,菌丝形成原基。

(一)堆垛立体栽培

菇棚地面应铺砖或10cm土畦。完成准备工作后,放置搔菌处理的菌袋,最多5~8层。留60cm宽走道便于管理采摘。

1.控制好温度

在幼菇期,保持棚内温度12~15℃以确保子实体生长。低于10℃,生长受阻;高于20℃,子实体可能软化、萎缩、腐烂。高温时加强通风,低温时减少通风或增光保温。控制16℃以下优化菇品质,实现缓慢生长,提高密度(图9-2)。

图9-2 杏鲍菇层架出菇

2.调节好湿度

在子实体生长期,菇棚内湿度应保持在85%~95%范围内,幼菇期湿度精确控制在90%。湿度低于此标准可能导致子实体干裂萎缩或停止生长。避免长期湿度超过95%,尤其在高温时,否则可能导致菇体发黄、感染细菌导致腐烂。采收前,湿度应调整至85%左右,以延长货架寿命。

增湿靠喷水,降湿靠通风。菇蕾期每日喷水2~3次,喷雾式,兼顾空中和地面,禁直接喷菇体。避免关门水,喷水时通风,防菌盖积水。采菇前一日停喷水,防菇盖虚泡影响品质。

3.保持通风良好

若通风不良,当二氧化碳浓度超过 0.1%时,子实体易形成树枝状畸形菇,若遇高温高湿还会腐烂。考虑到气温因素,当气温在18℃以上时,应选择早、晚或夜间进行通风,而在阴雨天可进行日夜通风。至于11月以后至翌年2月底之前的低温时期,为避免过多通风导致温差过大,可适当减少通风。特别在气温低于14℃时,应在中午气温较高时进行通风。鉴于商品杏鲍菇对菌柄长、菌盖小的特定要求,在菇蕾形成后,应适度控制通风,以促进菌柄生长并抑制菌盖生长。

4.适当增加散射光

在适宜的散射光条件下,菌柄能够得到有效伸长,若光线不足,菌柄将显得粗短,导致品质降低。然而,当光线过于强烈时,菌褶容易出现发黄的现象。

（二）墙式立体栽培

此法的特点是菌墙由菌袋和肥土交替堆砌而成,既便于进行水分管理,也有利于营养的积累。这种方式还扩大了出菇的空间,显著提高了产量,实现了效益的提升。

1.覆土选择

可选用菜园土或配营养土,按 500 kg 培养料用 $1m^2$ 营养土,备好泥土,另加石灰粉 1%～2%、磷酸二氢钾 0.5% ,加水使含水量达 18%～20% 。

2.垒墙

为确保菌墙稳固,需在两端设置稳固支撑物。经过搔菌处理的菌袋按既定方式垒砌成菌墙。单垛排列时,地面筑起 10～15cm 高的土梗或铺砖,宽度略大于菌袋尺寸;双垛排列时,土梗宽度相应增加。单垛排列需在菌袋中间部分约 5cm 处进行塑料袋环割;双垛排列则将菌袋一端塑料袋割除,间距约 10cm,平行排列在土埂上,菌袋间留 2～3cm 空隙。每层菌袋排列后覆盖 2～4cm 覆土,共垒砌 8～10 层。菌墙顶部设计水槽式结构,便于补水。每 3～5 天向水槽补水,保持覆土湿润。5～10 天墙面出现菇蕾,期间不需喷水,仅向空中喷雾保持湿度。管理方法同上。

八、采收

（一）采收适期

杏鲍菇在成熟阶段，必须准确把握采收时机。最佳的采收标准是菌盖呈现半球形，边缘尚未展开，且孢子尚未释放。从杏鲍菇现蕾到采收的整个过程，一般需要大约 18 天的时间。在此期间，密切关注杏鲍菇的生长情况，以确保在最佳时机进行采收，从而保证杏鲍菇的品质和产量。

（二）采收方法

在采收过程中，应确保操作规范，一手稳定地按住子实体基部的培养料，另一手则轻轻握住子实体的下部，通过左右旋转的方式将其轻轻摘下。同时，为确保采收过程的精准性，也可选择使用刀具，在紧贴培养料表面的位置，将子实体精确地切下。

九、后潮菇管理

采收完毕后，务必迅速整理料面，暂停供水，保持菌类培养 3 至 5 日，然后开展出菇管理工作。对于覆土栽培模式，应立即修复泥土墙面，确保其完整无损，待菌类培养完毕后，重新开展出菇管理工作。

实训 22　杏鲍菇生产技术管理

一、实训目的

1.掌握杏鲍菇生产方法。

2.能够进行杏鲍菇生产管理。

二、实训设备及器件

试验用大棚、杏鲍菇成熟菌袋、喷水设施、采收用具，记录表。

三、实训地点

生产示范基地。

四、实训步骤及要求

1.杏鲍菇成熟菌包判定

按设计要求进行杏鲍菇成熟菌袋判定,并根据要求记录。

2.进行杏鲍菇菌包出菇前处理

通过参与菌包出菇前操作,掌握标准及操作技巧。

3.出菇管理

根据环境条件控制标准,对杏鲍菇进行管理,包括出菇温度、干湿管理、棚室管理及适时采收等。

4.根据数据、管理结果,给出评判。

五、实训分析与总结

杏鲍菇生产要素调控,并能够进行合理的出菇管理。

【评分标准】

考核内容要求	考核标准(合格等级)
1. 观测、记录态度认真 2. 准确进行出菇管理	A.观测菌袋标准认真,记录准确,能够根据棚室特点适当管理,可操作性强。杏鲍菇单袋产量超过平均产量20%以上。 B.观测菌袋标准较认真,记录较准确,基本能够根据棚室特点适当管理,可操作性较强。杏鲍菇单袋产量与平均产量持平。 C.观测菌袋标准一般认真,记录大致准确,未能根据棚室特点适当管理,可操作性一般。杏鲍菇单袋产量低于平均20%以内。 D.观测菌袋标准不认真,记录不准确,不能够根据棚室特点适当管理,无可操作性强。杏鲍菇单袋产量低于平均20%以上。

项目十 双孢蘑菇生产技术

任务一 双孢蘑菇生产基础

【知识目标】
1.了解双孢蘑菇发展概况。
2.明确双孢蘑菇生产特点。
3.掌握双孢蘑菇生活条件。

【技能目标】
熟练掌握双孢蘑菇生活条件指标及调控。

双孢蘑菇［Agaricus bisporus （J. E. Lange）Imbach］，因担子上通常仅着生两个担孢子而得名。此外，它还被称为蘑菇、白蘑菇、洋蘑菇等。该物种属于真菌界担子菌门、层菌纲、伞菌目、蘑菇科、蘑菇属。

双孢蘑菇的栽培历史源于法国。约三百年前，首次在巴黎附近马厩旁马粪堆中发现。法国人将成熟的子实体漂洗后撒播在甜瓜地驴、骡粪上促生长。法国植物学家托尼弗特采集白色霉状物，尝试栽种于半发酵马粪堆上，经覆土处理，成功培育出蘑菇。

双孢蘑菇的人工栽培技术最初由英国传入美国，1910 年美国已建立标准化蘑菇房。1934 年，美国学者兰伯特创新性地将双孢蘑菇的培养料堆制划分为前发酵与后发酵两个阶段，显著提升了培养料效率与质量。

目前，荷兰、美国等国的菇场广泛采用床式或箱式多区栽培系统，该系统科学安排各环节自动调节环境，配备先进机械装置。栽培流程遵循严谨、可控的工厂化和专业化程序，涉及专门的菌种、培养料和覆土生产厂。这些菇场单产水平极高，每年可实现六次栽培周期。

双孢蘑菇是全球食用菌产业的重要一环，栽培广泛，产量和消费量均居高位。目前，全球已有100多个国家和地区种植双孢蘑菇，其产量在各类食用菌中名列第一，被誉为"世界菇"。在欧美等西方国家的食品市场中，双孢蘑菇占据重要地位。

我国双孢蘑菇栽培历史可追溯至20世纪20至30年代，最初在上海、北京、杭州等外籍人士聚居区种植，规模较小，消费对象有限。1957年开始真正发展，80年代快速扩张。现在，全国20多个省市栽培双孢蘑菇，福建省规模最大，产量居首。近年来，"南菇北移"战略推动山东、河南等省份双孢蘑菇产业显著进步，产量逐年攀升。

双孢蘑菇是营养丰富的食材，含有蛋白质、多糖、维生素、核苷酸和不饱和脂肪酸，肉质肥厚，口感鲜美，营养价值高。同时，它还是低热量食品，具有医疗保健价值。其蛋白质含量高达4.2%，脂肪含量仅为0.1%，碳水化合物含量为1.2%。蛋白质含量远超其他蔬菜，与牛奶相当，可消化率高达70%～90%，被誉为"植物肉"。此外，它还富含人体必需的氨基酸、矿物质元素和维生素B、C等。

双孢蘑菇含有抗癌多糖，制成的药物对慢性肝炎、肝肿大和早期肝硬化有显著疗效。其不仅味道鲜美，还富含营养成分，被视为具有保健作用的健康食品。

一、形态特征

（一）菌丝体

双孢蘑菇的菌丝体色白而细长，具有横隔膜结构，无线状联合现象。线状菌丝数量多且发育良好，子实体在交汇点形成。基于培养特性，双孢蘑菇被分为气生型、贴生型和半气生型。贴生型菌株附着在培养基表面，抗杂菌和抗逆性强，但商品性状较差。气生型菌株向空中延伸，商品性状好，但抗杂菌和抗逆性稍弱。半气生型菌株介于两者之间。

（二）子实体

菌盖初期扁半球状，成熟后逐渐展开成伞形，表面光滑，色泽由白变黄。菌肉白色，肥厚，受损后变淡红。菌褶长短不一，离生。菌柄圆柱形，内部疏松，洁白，表面光滑，肉质饱满，成熟后纤维化，基部膨大。菌环白色膜质。菌褶初期粉红，开伞后变暗褐，离生。子实层在菌褶两侧，多数担子顶端有两个孢子。孢子褐色，椭圆形，一端尖锐，尺寸范围（6～8.5）μm×（5～6）μm。孢子印深褐。

二、生长发育条件

（一）营养条件

1.碳源

双孢蘑菇依赖秸秆类物质为碳源，偏好利用木质素、纤维素和半纤维素的禾草及禾壳。由于其直接利用大分子物质的能力有限，需经过堆积发酵和微生物降解，使其得以有效利用。因此，双孢蘑菇不适用于生料和熟料栽培，应选择发酵料栽培。

2.氮源

双孢蘑菇在培养过程中主要利用有机氮为主的氮源物质，尤其适宜使用畜禽粪。虽然不能直接利用蛋白质，但能有效利用蛋白质的水解产物——氨基酸。对硝酸盐利用不佳，可使用硫酸铵，但需注意施用量，过多可能导致培养料酸化，影响菌丝生长。尿素能促进培养料的发酵，但施用量不应超过0.5%以防氨气产生过多。各类饼肥也是蘑菇良好的氮素来源。最适宜的碳氮比为（17～18）∶1，而在培养料发酵过程中，微生物会消耗30%的碳素和大约10%的氮素，因此在配制蘑菇培养料时，原料的碳氮比应掌握在（30～33）∶1。

3.矿物质元素

矿物质元素对双孢蘑菇生长至关重要。生产中常用钙肥和磷肥如过磷酸钙、石膏、碳酸钙、石灰来提供钙和磷。蘑菇培养料以秸秆为主，富含钾，通常无需额外添加。研究表明,双孢蘑菇生长适宜的氮、磷、钾比例为4∶1.2∶3。

4.生长因子

包括维生素等。培养料中含有丰富的生长因子,一般不需另外补充。

(二)环境条件

1.温度

蘑菇的生长受温度的影响较大。最适温度下,孢子释放、孢子萌发、菌丝体生长以及子实体分化发育均处于理想状态。高温下,虽然子实体形成,但朵形较小、质量稍差,而低温下子实体则个体较大、质量好。22 ℃以上,子实体一般停止发生,而低于 8 ℃则会导致子实体停止生长。

2.水分和空气相对湿度

在菌丝体生长阶段,适宜的培养料含水量为65%左右。低于50%会导致生长缓慢,难以形成线状菌丝和子实体,甚至停止生长。高于75%则可能导致通气不良,菌丝老化快,容易感染杂菌。覆土层含水量适宜在18%左右,而菌丝生长期的空气相对湿度以 75%为宜。

在子实体发育阶段,适宜的培养料、覆土和空气相对湿度分别为65%、20%和85%~90%。超过 90%的湿度易导致锈斑病,低于 70%和 50%的湿度分别导致菌盖表面问题和停止出菇。

3.空气

双孢蘑菇属于好气性菌类,生长发育需要充足的氧气。在菌丝体生长阶段,适宜的空气中二氧化碳浓度为0.1%~0.5%;而在子实体分化和生长发育阶段,适宜的二氧化碳浓度为 0.03%~0.2%(具体取决于菌株)。过高的二氧化碳含量会抑制生长,导致各种异常现象,如菌盖变小、菌柄细长、小菇蕾开伞,甚至出现"冒菌丝"现象,使菌丝老化、出菇推迟或停止。除此之外,氨气和硫化氢等有害气体也会对菌丝的发育产生负面影响。因此,定期通风换气,排除有害气体,保持空气新鲜是生产中的重要措施。进入菇房后操作者不感到闷气可作为通风换气的标准。

4.光线

双孢蘑菇是能在黑暗条件下完成正常生活史的食用菌之一,即使在没有光线的情况下，也能完成菌丝体和子实体的生长发育。在黑暗条件下，双孢蘑菇能形成优质的子实体，其菇体颜色洁白、菇肉肥厚细嫩、朵形圆整。在有直射光的环境中，光线会导致菌体硬化、发黄、形态不正常。因此，生产中最好保持较暗的菇房环境，尤其是避免直射光线进入菇房。微弱的散射光对双孢蘑菇子实体的影响相对较小，但在光线明亮时，菇体更容易在覆土中形成，而在较暗时，则更容易在覆土表面形成，因此微弱的散射光对蘑菇的生长发育有促进作用。

5.酸碱度

在双孢蘑菇的培养过程中，菌丝体生长适宜的培养料 pH 值为 6.8～7.2，覆土层的 pH 值为 7。在高于 8.5 或低于 5 的极端 pH 值条件下，菌丝体生长不良。由于菌丝体在生长过程中不断产生有机酸，同时氨气蒸发引起脱碱现象，使培养料逐渐呈酸性。为维持环境呈弱碱性，提高双孢蘑菇对杂菌的抵抗能力，通常在生产上使用 1%～2% 的碳酸钙和石灰粉来调高 pH 值。一般而言，播种时将培养料 pH 值调节至 7.5 左右，覆土 pH 值调节至 7.5～8，以创造有利于双孢蘑菇生长发育的环境。

实训 23　双孢蘑菇环境条件调控

一、实训目的

1.掌握双孢蘑菇环境调控的理论基础。
2.能够进行双孢蘑菇生产中环境调控措施。

二、实训设备及器件

智慧农业环境控制系统、自记温湿度仪、照度计、气体测试仪、PH 检测仪、记录表。

三、实训地点

食用菌栽培室，生产示范基地。

四、实训步骤及要求

1.环境监测

观测食用菌栽培室、示范基地内温度、湿度、光照、二氧化碳浓度及培养基中 PH 数值，并根据要求记录。

2.数据整理

观测记录的数据进行整理。

3.数据对比

将记录整理的数据与智慧农业环境控制系统中数据进行比较,判定记录准确性。

4.根据数据结果,给出当前条件下,应如何进行环境调控。

五、实训分析与总结

双孢蘑菇的生育环境条件至关重要,要明晰各阶段对环境条件的要求,并能够进行合理的调控管理。

【评分标准】

考核内容要求	考核标准(合格等级)
1.观测、记录态度认真 2.准确给出调控措施	A.观测仪器指标认真,记录准确,能够与智慧系统无差异,做出的调控措施合理,可操作性强。 B.观测仪器指标较认真,记录较准确,能够与智慧系统差异小,做出的调控措施较合理,能够进行操作。 C.观测仪器指标不认真,记录缺乏准确性,与智慧系统差异大,做出的调控措施一般,可操作性一般。 D.观测仪器指标不认真,记录不准确,与智慧系统差异明显,做出的调控措施不合理,无可操作性。

任务二 双孢蘑菇生产技术

【知识目标】

1.掌握双孢蘑菇生产发酵料制作。

2.掌握双孢蘑菇生产管理技术。

【技能目标】

能够熟练掌握双孢蘑菇生产管理技术。

一、栽培季节和生产周期

（一）栽培季节

我国双孢蘑菇栽培生产遵循自然气温规律，每年秋季播种，夏初完成生产周期。播种时机取决于当地气象数据和菇房设施条件，最佳温度为20～25℃。播种前需进行25～28天的培养料堆制发酵。淮河以北地区建议在8月底至9月初播种，淮河以南地区则适宜在9月下旬至10月上旬播种。播种时间影响出菇时间和产量。10月中旬至12月上中旬为产菇高峰期。

（二）生产周期

在自然季节条件下，栽培双孢蘑菇需要经过培养料配制、发酵、播种等多个环节，直至出菇结束，整个过程大约需要八个月的时间。

二、培养料及其配方

（一）原材料准备

蘑菇培养料包括秸秆、粪肥和辅料等。为确保供应，需提前收集并妥善保管这些原材料。近年来，棉籽壳和玉米芯等新材料被引入双孢蘑菇栽培，降低了劳动强度并提高了产量。

1.秸秆类

蘑菇培养料常用稻草、麦秸、玉米秆等材料。麦秸和玉米秆吸水差，腐熟慢，需压扁、粉碎、预湿处理。同时，为充分发酵，需延长发酵时间。

2.粪肥类

粪肥指各种畜禽粪便，如牛、鸡鸭、兔、羊、马、猪等粪便。在蘑菇培养中，粪肥是重要培养料。为确保质量和适用性，需提前收集粪肥，晒干后贮藏备用。

3.辅料类

培养料的主要添加物为氮肥和矿物质。氮肥可选用菜籽饼、豆饼、棉籽饼、花生饼、尿素、硫酸铵等；矿物质包括过磷酸钙、石膏粉、石灰粉及氮磷钾复合肥等。添加氮肥时，需合理计算碳氮比，控制添加量以防过量。氮肥宜早期添加，尤其在第二次翻堆时完成，避免氨气过重影响蘑菇发育。混合添加多种化肥比单一添加更有益。

（二）培养料配方

目前生产上常用的配方如图 10-1（100 m² 栽培面积用料量）。

	草料	棉籽壳	玉米芯	干牛粪	牛粪	干鸡粪	饼肥	尿素	过磷酸钙	石膏	石灰	水
1	2250kg			1250kg			175kg	15kg	40kg	75kg	50kg	适量
2	2250kg			1000kg	250kg		175kg	15kg	40kg	75kg	50kg	适量
3	2250kg					750kg	100kg		40kg	75kg	50kg	适量
4		1000kg			500kg			10kg	10kg	10kg	20kg	适量
5			1000kg	1000kg			100kg	20kg	20kg	20kg	20kg	适量

图 10-1　培养料配方

三、培养料的堆制发酵

双孢蘑菇栽培中，培养料堆制发酵是关键环节。优质堆制发酵能生产高质量培养料，提高丰收可能性。若发酵不佳，即使使用优质菌种和高级管理技术，也难达理想产量。

（一）一次发酵法

一次发酵是室外培养料堆制发酵的方法，也被称为常规或前发酵。其优点在于设备简单、成本低、技术易掌握。但受自然气候影响大，发酵时间长。发酵时间因草料不同而异，稻草约需25天，麦草需28天以上，需翻堆5次。

1.发酵场地

选择发酵场地，要求向阳、通风、地势高且避雨，方便水源。建堆地点靠近菇房，方便搬运。地面泥土需平整坚实，可掺石灰渣夯实，或选水泥地面。建堆前用石灰水、氨水或波尔多液处理地面，防虫防病，禁止禽畜进入。

2.原料预处理

为了应对原料吸水速度不同的问题，通常需要对原料进行预湿处理。预湿可以控制料内含水量，激活和培养有益微生物，减少臭味和病虫害，有利于后续建堆操作和堆温均衡上升。

（1）对于粪肥的预湿处理，需在建堆前一周进行。晒干的粪肥需要彻底碾碎并去除杂物，然后用清水或人粪尿进行预湿，边浇边拌边建堆，高度以1米为宜。含水量应适中，握手时有水渗出但不下滴，约为50%。堆温控制在55℃左右，3天翻堆1次。预湿过程有助于减小臭味、培养有益微生物、消除病虫，为后续发酵打好基础。在处理干粪时，要避免过湿或过干，以防发酵问题。如果使用湿粪，应在建堆前20天左右进行湿粪的预堆处理，堆温控制和翻堆频率与干粪预堆相似。

（2）在建堆前2~3天，对草料进行预湿。草料需浇湿至水渗出而不下滴成线。如粪肥比例小，可使用粪水浇湿草堆进行预湿处理。

（3）在建堆前，对含氮饼肥进行预堆处理，包括粉碎饼肥、与500倍菊酯类农药搅拌、用塑料薄膜罩住熏蒸2~3天以杀死害虫。预堆后含水量应符合粪肥要求，确保后续发酵顺利进行。

3.建堆

（1）在进行料堆建设时，选择南北走向，确保光照均匀。堆料时，按层铺放预湿的草料和粪肥，注意每一层的厚度要一致。料堆高度为1.5~2 m，宽度为2 m，长度不限，最顶层用粪肥封顶。在建堆过程中，前两层只铺草料和粪肥，从第三层开始逐层加水，并添加石灰、饼肥、尿素等物质。确保外圈整齐，四周做成墙状，挖排水沟积累水分，插入竹筒增强通气。堆顶覆盖草苫保温保湿，雨天及时掀薄膜，避免闷堆。第二天下午测温，正常温度应在2~3天时升至70℃左右。若温度不达标及时补救。

（2）堆料时的水分调节对发酵过程至关重要，我国各地采用不同的原则。一种是"一湿、二调、三看"用水法，前期充分浇水，后期逐渐调节水分；另一种是"一湿、二调、三不动"用水法，建堆前预湿，后续逐渐调节水分，最后一次翻堆不再浇水。不同的水分调节方法适用于不同的环境和堆料过程，关注水分变化，确保合适的发酵条件。

4.翻堆

在堆料后，培养料的发酵往往不平衡，呈现表层含水少、中间层温度高、最内侧培养料透气性差的情况。这不仅影响发酵效果，还会影响堆肥的质量。为了解决这个问题，翻堆是一个关键的操作步骤。通过多次翻动粪草，改变各层的位置，排除废气，促进微生物的分解活动，实现培养料的均衡发酵。在翻堆的过程中，还可以检查和调节水分、pH 值，适时添加辅料，以确保培养料的均衡分解转化，腐熟进程顺利进行。

（1）翻堆是一项关键的堆肥操作，旨在促进培养料的均衡发酵。具体步骤包括将外层粪草刮下来，洒少量水后先放置一边，重新建堆时再混入料堆中。中间及底层的料在翻拌时与外层的培养料一同交换位置，并加入适量的辅料。翻堆的频率应根据培养料腐熟的速度而定，腐熟速度较快时可减少翻堆次数，反之则需要增加。一般室外一次发酵需要翻堆4～5次，而采用二次发酵时一次发酵需翻堆3次。

（2）翻堆时间应根据堆温变化确定。在堆温最高点开始下降时，进行第一次翻堆，使堆温再次上升。当堆温再次下降时，进行第二次翻堆，以此类推。若出现异常，如建堆后温度低于70℃，应提前翻堆，找出原因并采取措施提高堆温。如遇雨淋，天晴后应立即翻堆，散去多余水分，防止料堆发黏、发热、发臭。

（3）翻堆注意事项。

1）进行翻堆操作时，可以根据堆料用水的原则进行水分调节。生产中通常采用的水分调节方法是"一湿、二调、三不动"用水法。

2）要避免"移堆"方式，即直接叉旧堆到新堆中。草、粪翻堆法仅是"移堆"，非正确翻堆方式。正确方法是将草料抖松散，与粪肥拌匀后重新建堆，前两次翻堆需特别注意执行此步骤。

3）要注意避免"烧堆"现象的发生。料堆中间出现白色丝状霉层或粉末状灰白色斑块即为"白化"，是培养料内放线菌活动旺盛、堆温较高、含水偏低的特征。适当的"白化"是培养料正常发酵、适度腐熟的标准之一，每次翻堆时都应有适当的"白化"现象。如果"白化"过大、部位松散易碎，说明发生了"烧堆",需要立即加水调湿重新建堆。如果料内没有"白化"现象,而呈蓝黑色或青褐色,发黏且有酸臭味,料面水蒸气较少,可能是因为料内偏湿、堆温太低,需要采取一系列措施,包括翻堆晾晒、补充优质粪草、增加石灰和石膏用量,以及在建堆时不要踩实,并多设置通风道。

4)观察培养料质量,发现不佳及时添加优质料,确保堆肥质量。剔除严重变质发臭的粪草,避免影响整体品质。将受虫害侵染或偏生的料移至高温区,促进发酵。注意杀灭杂菌和害虫,必要时使用药剂如菊酯类农药、甲醛、多菌灵、甲基托布津等。

5)要综合考虑培养料的干湿度、pH 值以及通风状况。过湿的材料应及时晾晒,过干的则需要喷水调湿。对于过酸的材料,可以使用石灰粉或石灰水进行调整。随着堆制时间的延长,草料逐渐变软,料堆沉实,通风逐渐减弱。为改善通风状况,可以设置通风管道,如竹管,通过调节管口来控制水分和热量的散失。在发现局部通气不良的情况下,可以通过打孔通气的方式,使用木棍适度打洞,以改善透气性。

6)翻堆次数应基于料内温度变化。一般翻堆间隔为 7、6、5、4、3 天,共 5 次。发酵周期 25~28 天,稻草 25 天,麦草 28 天。5 次翻堆后,培养料完成发酵。

(4)翻堆的具体操作。

1)第一次翻堆。在建堆后,堆温通常在第 2 天开始上升,2~3 天后升至 70~75℃。当堆温在第 7 天开始下降时,即可进行第一次翻堆。第一次翻堆的关键是确保浇足水分,翻堆前 1 天在堆的上部先浇水,翻堆时逐层浇足水,并均匀撒入石膏、含氮化肥等辅料。在第一次翻堆后的 48 小时内,堆温会快速上升,料温应达到 75~80℃,若低于 70℃则为不正常情况。

2)第二次翻堆。通常情况下,第一次翻堆后的第 6 天进行第二次翻堆。在第一次翻堆时,要彻底调换料堆的里外、上下,并重新建堆,宽度可适当减少 30 cm,高度保持不变,长度可变。在第二次翻堆时,要加入所有含氮化肥、石膏的余量,以及 50%过磷酸钙。此时水分进入"二调"期,应避免浇水过多,堆温较高时要用手检测水分。从第二次翻堆起,需要设置通风设施,如打通风孔等,以增强通风透气效果。翻堆后要特别注意防雨淋,如果遇到雨天，盖塑料布时要用木棍支起透气，以防止厌气发酵。

3）第三次翻堆。第二次翻堆后 5 天，进行第三次翻堆。打碎粪块，防厌氧发酵，调酸碱度至微碱，并加余下的过磷酸钙。按料湿度，偏干则喷石灰水，偏湿则撒石灰粉。料含水量以手紧握后有 2～3 滴水滴下为宜。建堆时抖松料，防厌氧发酵，宽度缩小 30cm，高度不变。加强通风设施建设，确保通风透气。

4）第四次翻堆。第三次翻堆后 4 天进行第四次翻堆。抖松粪草，不怕压，提高透气性。调节含水量和酸碱度，标准是手握培养料，指缝间有水溢出或有 1 滴水。偏干偏酸用 1%石灰水调节，偏酸偏湿加少量石灰粉。氨味重则撒入过磷酸钙，喷洒 500 倍菊酯类农药灭虫。翻堆后，培养料腐熟度适中则 3 天后进房，稍生则进行第五次翻堆。

5）第五次翻堆。在第四次翻堆后的 3 天进行第五次翻堆，具体的翻堆方法同第四次翻堆。完成翻堆后，再进行 2～3 天的堆制发酵，即可进入下一步的操作。

（二）二次发酵法

二次发酵是指将双孢蘑菇培养料的堆制发酵分为前发酵和后发酵两个阶段。

1.二次发酵

双孢蘑菇标准化栽培中，二次发酵是关键技术措施，能节约时间、降低劳动强度、减少病虫害。后发酵通过"巴氏消毒"杀死有害微生物和虫卵，全面消毒菇房，有效控制病虫害。此外，二次发酵可提前出菇，增产约20%。后发酵使培养料腐熟均匀、松软，消除氨味，提高通气性，促进菌丝生长，使菌丝生长旺盛，出菇早，产量高，品质优。同时，培养料进一步分解，增加可溶性养分和菌体蛋白。二次发酵显著减少用药量，降低环境污染和农药残留。

2.室内床架式二次发酵

双孢蘑菇二次发酵操作包括室外前发酵和室内后发酵两个步骤。前发酵操作与一次发酵相似，包括预湿、建堆、翻堆等程序，需进行 3 次翻堆，间隔时间为 5 天、4 天、3 天。在第三次翻堆后的 2 天，当料含水量达65%、pH值 8 左右、堆温 70℃时，趁热拆堆进房。

后发酵，作为前发酵的深化与延伸，其过程亦可分为两个阶段：

巴氏消毒是二次发酵首阶段，于前发酵第三次翻堆后次日开始。关键在于堆温至约70℃时及时拆堆，抖松排除废气，避免热量散失。培养料进房后集中放置床架中间，平铺或条垄堆放。门窗关闭，通过微生物活动"发汗"，逐渐加温至60℃维持20～24小时。注意控制温度，避免影响下一阶段发酵。巴氏消毒后密封菇房，蒸汽加温后发酵，有时喷洒农药加强消毒。此阶段关键在确保巴氏消毒效果，为后续发酵创造有利条件。

第二阶段的营养转化至关重要。后发酵阶段是其中的核心，通过适宜的温度和通风，有益微生物得以充分繁殖，同时有害气体得到处理。在保持温度的同时，每天的有效通风是确保后发酵成功的关键。采用油桶加温法是一种常见的加温方式，通过废旧铁桶产生蒸汽，实现菇房内温度的升高。这个过程需要精准的控制，以确保双孢蘑菇的生长环境得到良好的维持。

成功进行二次发酵的核心在于精准控制温度，包括巴氏消毒、营养转化和降温三个阶段。巴氏消毒阶段通过升温创造发酵条件，营养转化阶段则是通过升温和通风促进微生物繁殖和培养料转化，同时严格控温并进行通风换气。最后降温阶段将料温恢复常温，结束发酵。三个阶段温度控制，确保二次发酵成功完成。

3. 二次发酵培养料腐熟标准

培养料质量对蘑菇二次发酵至关重要。合格的培养料应具备深棕褐色、无异味、香味浓，外观油亮、手感柔软，且富含纤维分解菌。其含水量应控制在65%左右。后发酵腐熟的综合指标与常规发酵相同。

4. 二次发酵注意事项

在进行二次发酵时，需特别注意以下几点：首先，对于使用旧菇房的情况，必须进行充分清理和消毒，且在发酵结束前一天进行最后的消毒处理。其次，后发酵所用菇房面积应适中，保持密封良好，以确保对环境温度的有效控制。前发酵培养料在进入二次发酵前需要达到一定质量要求，特别是含水量的调整。在进料时，要注意合理的堆放方式，避免顶层和最下层直接放料，以促进空气交换。在加温过程中，需谨慎处理热源与培养料的接触，以防过度的干燥、湿润或过热。最后，对后发酵时的料温要进行严格控制，确保不超过适宜的范围,温度波动要控制在合理范围内,避免大风突然降温,以保护免受室外杂菌的侵入。

四、播种

(一)播种前的准备工作

1.菇房消毒

在进入菇房前,采取了多层次的预防和消毒措施。使用甲醛和菊酯类农药消毒菇房,确保内部卫生。对于拱棚畦式栽培,撒布干石灰粉并暴晒3天以上,以杀灭病原菌和害虫。铺放培养料后,再次进行熏蒸消毒,减少病原物。然后及时通风换气,确保菇房空气流通。

2.翻料

在进行完消毒和通风后,为了进一步保障培养料的质量,需要进行一次翻料,也被称为翻格操作。这意味着对已经铺在菇床上的培养料进行上下、里外的翻动,以混匀抖松、翻平培养料。

3.检查

在进行播种前,对培养料进行再次检查至关重要。尤其是对于经过二次发酵处理的培养料,往往含水量偏低。为了调整含水量,可以采用边翻料边拌、边喷石灰水的方法,使其达到65%~68%。一个简单的检测方法是手握住培养料,当指缝间有水渗出或滴下一滴时即可。最后,为了提供最适合蘑菇生长的环境,需要调节培养料的pH值至约7.5。

4.工具处理

在播种过程中,必须严格按照规定,使用0.1%的高锰酸钾溶液进行彻底擦拭和消毒,以确保播种过程的卫生和安全。

5.温度测定

播种前需检查室温和料温。室温需控制在25℃以下,料温稳定在28℃以下且无升温现象。满足这些条件,特别是无升温迹象时,方可播种。

6.菌种检查

在播种前,对栽培种植进行严格检查是至关重要的。选择那些菌丝粗壮、颜色洁白、无病虫害、菌龄适中的菌种。

(二)铺料厚度

铺料厚度的影响因素众多,气温为主要考虑因素。高温区域和季节适宜较薄铺料,低温区域和季节则相反。各地推荐铺料厚度不同,需根据气候调整。特定情况下,如河南夏邑县,较厚铺料可提高单位面积产量,但可能降低生物学效率。

(三)播种期和播种量

选择播种时机需考虑当地气候条件,最适宜温度为24 ℃左右,高温时应延迟播种。确定播种时间可根据当地秋菇发生或气温降至18 ℃以下的始期,倒查35天左右。播种量以培养料投料量为依据,考虑培养料质量、菌种类型和播种时间等因素,一般每 m^2 用750 mL麦粒菌种1.5~2瓶或粪草种4瓶。

(四)播种方法

1.穴播加撒播

播种有两种主要方法,穴播和撒播。穴播时需按规律的形状在料面上打穴,将菌种块填入,注意不揉搓,确保露在料面有一部分,方便透气。撒播则将菌种均匀地散布在床面上,覆盖一层报纸或薄层培养料,轻拍使其与料层接触。实践证明混播方法,即穴播和撒播同时进行,可以提高种块均匀度,促进发菌均匀。

2.混播加撒播

麦粒菌种播种方法:混播加撒播。先撒60%菌种在料面,翻入或拌进料层上半部。再撒40%菌种,轻拍后覆盖报纸或薄层培养料。此方法播种快、污染少、发菌整齐,减少球菇发生。播后需检查发菌情况,及时补种,发现杂菌则通风并撒石灰粉。出现不萌发或不吃料时,需查明原因并采取相应措施。

五、发菌期管理

发菌期管理是从播种到覆土的关键阶段,主要目标是调节温度、湿度和空气。保持适宜温湿度对菌丝生长至关重要,良好通风有助于气体交换和防止病虫害。同时,及时发现并处理病虫害,确保蘑菇健康生长。

（一）初期控温保湿

发菌期初期管理以保湿为主,紧闭门窗及拔风筒,确保湿度高,促使菌块萌发。控制温度在25℃左右,保持相对湿度在75%左右。若温度超过28℃,夜间通风降温。3天后逐渐加大通风,降低料表湿度,促进菌丝向料内生长,提高整体发菌效果。

（二）中期注意通风,湿度以先湿后干为好

在播种后约7天,当菌丝基本封面时,需要进行通风换气,以促使菌丝向料内生长。初期要加强保湿,控制空气相对湿度在75%左右,避免直接喷水,可以使用石灰水浸泡的稻草或喷有石灰水的报纸覆盖。封面后,湿度控制在70%左右为好,培养料表面有一定湿润感。通风时,无风天气需全开窗户及拔风筒,有风天气只开背风窗,以确保空气新鲜。

（三）后期打扦通气

播种后约10天,当菌丝吃料达料层1/2时,采取通气措施,使用1 cm粗的竹棍或竹签打扦通气,改善通气状况,促使菌丝向料内迅速生长。通风策略主要以开背风窗为主,1~2天后逐渐加大通风力度。整个培养过程中,如果培养料和环境条件适合,通常需要约20天才能使菌丝长满培养料。需要注意用细木棍或二齿叉插入料层或料底部向后45°角扳动,处理整个床面的方法工作量较大,因此目前不再普遍使用。

六、覆土

在一般情况下,尽管培养料中的菌丝生长良好,但若未覆上合适的泥土,双孢蘑菇的子实体一般不会正常发生。覆土的质量直接关系到产量和质量的表现,不适当的覆土可能导致子实体数量稀少且形态不正常。

（一）覆土的作用

关于覆土的作用，学者们普遍认为它有多种功能。首先，它支撑和固定子实体，形成正常蘑菇形态。其次，覆土满足蘑菇对水分的需求，保持适宜湿度。同时，覆土层中的有益微生物刺激子实体的发生。此外，覆土导致二氧化碳浓度梯度变化，诱导蘑菇原基形成。最后，覆土层稳定菇床小气候，减小温度、湿度、pH 值等变化幅度。

（二）覆土材料的基本要求

1.要求

覆土物理特性疏松透气，团粒结构明显。其水分特性良好，能吸收储存大量水分，对双孢蘑菇生产至关重要。化学成分上，覆土含少量腐殖质和矿物质，非肥沃土壤。适宜的酸碱度范围为 pH 值 7.5～8，可抑制其他霉菌生长。覆土无害虫病菌，含有益于蘑菇生长的微生物，如臭味假单孢杆菌。盐含量低，提供适宜生长环境。

2.选择

覆土材料的选择建议为泥炭土和砂壤土。这两种土壤透气性和持水性均佳，不会结块或变黏，喷水后不板结，失水时也不龟裂。泥炭土因其结构疏松、吸水性、通气性好等特点，成为蘑菇栽培理想选择，尤其在欧美国家广泛应用。砂壤土在我国常用，同样具有优秀的持水性和透气性。国内实践中，稻田土、麦田土、塘泥土、河泥土以及田园土等也是常用选择。

（三）覆土材料的处理

1.消毒处理

在覆土前 7 至 10 天，将甲醛按每 m^3 泥土 0.5kg 的标准稀释 50 倍，均匀喷洒在土粒上，然后用薄膜覆盖 24 至 48 小时，使甲醛充分发挥作用。之后去掉薄膜，让甲醛自然挥发，直至土粒无气味，约需 3 至 5 天。同时，结合喷洒 2000 倍溴氢菊酯和 1500 倍克螨特等杀虫杀菌剂，增强消毒效果。根据需要，可拌入 1%至 2%石灰水杀灭线虫。

2.酸碱度调节

覆土 pH 值调至 7.5～8，用石灰粉拌干土或用石灰水上清液调节。

3.水分调节

覆土材料的最佳含水量为 18%～20%，手握成团、落地即散、手掰土粒不见白为最佳状态。可以一次性调节好水分再覆土，也可以先覆干土再调节水分，或将覆土调至半干半湿后覆土。覆土后 3～4 天内，每天喷水 2 次，保持覆土层适当含水量，确保土粒不黏不散。

（四）覆土时间

在菇类栽培中，关于何时进行覆土有着重要的注意事项。最佳时机是当菌床菌丝接近培养料底部时，通常在正常的栽培季节，大约在播种后 20 天。过早或过迟进行覆土都会影响产量，因为过早会导致菌丝积蓄养分不足，而过迟则使菌丝老化，进而推迟了出菇期。

（五）覆土方法

当菌床菌丝大部分发到培养料底部时，应开始进行覆土。覆土时，通过通风将培养料表层约 1cm 吹干，然后使用袭糠细土均匀撒在床面上。最后，通过手或木片刮平，但要注意不可拍实，确保良好的通气性。

（六）覆土厚度

覆土的理想厚度为 3～4cm。过厚覆土降低透气性，导致出菇延迟，产量减少但菇体大。过薄覆土透气性好但保湿性差，导致出菇早、产量密集但菇体小，更早开伞。

（七）覆土后管理

覆土后的关键在于水分管理。调水的原则是先湿后干，避免菌丝长到覆土层表面。土层需要保持均匀潮湿，在"吊菌丝"时不增加湿度，通过大通风创造湿差，使菌丝倒伏。在土层有菌丝冒头时，可以轻覆一层土再进行调水。调水时要勤喷轻喷，逐渐增加湿度，并注意土层手感。之后，早晚通风 1～

2 小时，然后紧闭门窗，适当小通风以保持适宜温度。当土层菌丝发到表面时，及时加覆一层土，轻调水至土粒扁平，促进横向生长，防止扭结出菇。

七、出菇期管理

经过覆土调水，菌丝扭结成原基，开始生长出菇。从原基形成到停产清料前，为出菇期。出菇期持续时间与栽培地区气候相关，通常为 120～140 天。

（一）水分管理

出菇管理中，水分管理至关重要。水分影响菇蕾的形成、时间和数量。管理原则：结菇阶段保持足够水分，出菇阶段保持稳定，转潮阶段准确调控，维持稳定水分，避免大波动，避免关门水，保持适宜湿度。

1.结菇水

双孢蘑菇栽培中，菌床覆土调水后，若菌丝繁殖充分，需进行结菇水喷洒。喷水时机为菌丝长到粗土之上、细土之间，快于细土持平时。大通风使土层表面干燥，促使菌丝倒伏、增粗，形成线状横向生长。通风 2 天后，菌丝交织处出现小白点，再覆盖细土保护原基，第 2 天即可喷洒结菇水。结菇水用量根据覆土材料、菌株需水性及菇房保湿条件等因素而定。气生型菌株 1 m^2 用水 2.25～2.7 kg，贴生型菌株 1 m^3 用水 3.15～3.6 kg。喷水方法需灵活掌握，气生型轻喷、勤喷，1～2 天内分数次喷完；贴生型则需重喷，1～2 天内分 4 次左右喷完。

2.出菇水

双孢蘑菇出菇管理：

当菌床原基形成，长至黄豆大小时，需喷洒出菇水（保质水），以增湿促生长，确保优质高产。每出一潮菇均需喷洒。一般在喷结菇水 3～5 天后进行，用量较大，气生型菌株每 m^2 用水 2.5kg 左右，贴生型菌株每 m^2 用水 3kg 左右。喷水方法与喷结菇水相同，需在 1～2 天内多次完成。随气温下降，喷水频率减少。生长期不再直接向土层喷水，只需喷空气维持湿度。

3.转潮水

转潮水是在每潮菇采收结束后进行的喷水作业，旨在促进下一潮菇的快速生长。关键时机是在每潮菇生长衰退或低谷前,通过精准喷水调节菇床湿度,为下一潮菇生长创造有利条件。

4.维持水

停水期间,为保持菇类正常生长,需确保床面湿度。当前天气干燥,床面水分减少,需及时喷水作业,维持湿润环境,确保菇类生长。

图 10-2　双孢蘑菇出菇

(二)温度管理

菇房温度应控制在 12℃至 16℃之间,以确保菇类正常生长。室内温度过高时,应增加通风量以降低温度;温度偏低时,应减少通风时间或采取加温措施维持适宜的生长环境。

(三)空气相对湿度

菇房湿度和喷水同样关键。低湿度会导致菌床过快失水,减缓生长,影响色泽,甚至造成菌盖凹陷和鳞片现象。然而,高湿度(>95%)也会影响菌丝活力,可能引发红根菇、锈斑菇及病虫害。为了调节湿度,可以采用喷雾和通风的方法。当湿度过低时,每日应喷雾 2~3 次并适量洒水;而湿度过高时,则需要通风以降低湿度,避免长时间高温高湿的环境。在采收后,应减少或停止喷水,保持 85%的湿度,这有利于养菌和转潮。

(四) 通风管理

通风对双孢蘑菇栽培至关重要，可调节温湿度、提供氧气、排除有害气体并促进蘑菇生长。当气温高于20℃时，应保持90%的相对湿度并加强通风以避免温度上升。当室温在16～20℃之间时，可在背风或夜间无风时开窗通风。若室温低于15℃，应重点提高室温。最佳通风时间为中午前后，应多开朝南门窗，夜间保温以防温差过大。

(五) 转潮与养菌

转潮是指两潮菇之间的时间间隔。采菇后需剔除菇根和死菇，用2%石灰水调节土补平床面。转潮期间，除清理床面外，还需关注养菌和调整土层水分。养菌时，确保土层水分充足，减少喷水，主要调节空气湿度。无菇时，停水、加大通风、打扦透气，改善菌丝环境，促进复壮和再生。也可考虑追肥或补充营养液，提高产量。

八、采收

(一) 采收适期

为确保菌类品质和口感最佳，建议在菌盖直径4～6cm、未展开成伞状时及时采收。

(二) 采收方法

采收双孢蘑菇时，使用旋转法，即捏住菌盖向下轻压后摇动，旋转采下，不可直接拔起。采丛生菇时，若菇体大小差异大，可按住保留的菇体，用采收刀迅速割下要采收的菇体，避免影响保留的菇体。若大部分菇达到采收标准，可整丛采下。采收后，需及时切去带泥的菇根，用清洁小刀直角切断，切口要整齐，避免斜根、裂根。菇柄长度根据菌盖直径比例及收购标准决定。

实训 24　双孢蘑菇生产技术管理

一、实训目的
1.掌握双孢蘑菇生产方法。
2.能够进行双孢蘑菇生产管理。

二、实训设备及器件
试验用大棚、双孢蘑菇栽培种、发酵料、喷水设施、双孢蘑菇采收用具、记录表。

三、实训地点
生产示范基地。

四、实训步骤及要求
1.双孢蘑菇优质菌种判定

按设计要求进行双孢蘑菇优质菌种判定，并根据要求记录。

2.进行双孢蘑菇播种、出菇处理

通过参与双孢蘑菇播种、出菇管理，掌握标准及操作技巧。

3.出菇管理

根据环境条件控制标准，对双孢蘑菇进行管理，包括出菇温度、干湿管理、棚室管理及适时采收等。

4.根据数据、管理结果，给出评判。

五、实训分析与总结
双孢蘑菇生产要素调控，并能够进行合理的出菇管理。

【评分标准】

考核内容要求	考核标准（合格等级）
1.观测、记录态度认真 2.准确进行出菇管理	A.观测菌袋标准认真，记录准确，能够根据棚室特点适当管理，可操作性强。双孢蘑菇产量超过平均产量20%以上。 B.观测菌袋标准较认真，记录较准确，基本能够根据棚室特点适当管理，可操作性较强。双孢蘑菇产量与平均产量持平。 C.观测菌袋标准一般认真，记录大致准确，未能根据棚室特点适当管理，可操作性一般。双孢蘑菇产量低于平均20%以内。 D.观测菌袋标准不认真，记录不准确，不能够根据棚室特点适当管理，无可操作性强。双孢蘑菇产量低于平均20%以上。

项目十一　大球盖菇生产技术

任务一　大球盖菇生产基础

【知识目标】
1.了解大球盖菇发展概况。
2.明确大球盖菇生产特点。
3.掌握大球盖菇生活条件。

【技能目标】
熟练掌握大球盖菇生活条件指标及调控。

大球盖菇，(Stropharia rugosoannulata Far. ex Murrill)，在学术及日常应用中亦被称为球盖菇、酒红色球盖菇、斐氏球盖菇、斐氏假黑伞、皱环球盖菇、褐色球盖菇等。该物种属于真菌界，担子菌门，层菌纲，伞菌目，球盖菇科，球盖菇属。

大球盖菇是重要食用菌，分布广泛，包括亚洲、美洲、欧洲等地。在我国，云南、四川、西藏、吉林、山西等省区有野生大球盖菇。因其营养丰富、口感良好，在欧美广泛栽培，也被联合国粮农组织（FAO）推荐为发展中国家的优秀食用菌品种。

大球盖菇的驯化栽培历史可以追溯到1969年的德国。随着技术的不断进步和推广，70年代这一食用菌的栽培已经发展到波兰、匈牙利等地。我国于20世纪80年代成功从波兰引种栽培大球盖菇，经过多年的研究与实践，现已在全国范围内得到广泛的栽培和推广。

大球盖菇是营养丰富的食用菌，肉质细嫩，菇香浓郁，品质可与香菇相比。科学检测显示，每100g干品大球盖菇含有29g蛋白质、0.66g脂肪、54g碳水化合物、9.9g粗纤维、24mg钙、44mg磷、11mg铁，以及丰富的维生素B_2和维生素C。此外，它还含有人体必需的氨基酸和多糖成分，具有显著的抗肿瘤作用。实验证明，大球盖菇提取物对小鼠S-180肿瘤和艾氏腹水癌的抑制率均可达到70%，显示出其医疗保健价值。

大球盖菇栽培材料多样，如稻草、麦秸、木屑等农副产品下脚料均可作为基质。产量高，栽培简易，生长周期短。其出菇温度范围广，抗病能力强。

一、形态特征

子实体形态多样，菌盖直径5～15cm，大型者可达30cm以上。由半球形变为扁半球形，最终平展，边缘内卷。颜色由褐白色变为酒红色或暗褐色，老化后变灰褐或褐色。菌盖表面光洁，有纤维状鳞片，湿度增加时略显黏性。菌肉肥厚，色泽洁白。菌褶直生，紧密，初为污白色，后变暗紫灰色，刀片状，边缘不规则。菌柄粗壮，长5～12cm，粗0.5～2cm，基部粗，向上渐细，实心或空心，表面光滑，带丝状光泽，初为白色，后变淡黄褐色。菌环膜质，有辐射状沟纹，裂片尖端上卷，易脱落。囊状体棒状，顶端有细小凸起。孢子椭圆形，棕褐色，大小（11.4～15.5）μm×（8.9～10.9）μm，孢子印紫褐色。此属易与蘑菇属、田头菇属混淆，主要区别在于后者菌褶离生和颜色为褐色。

二、生长发育条件

（一）营养条件

大球盖菇是人工栽培中降解木质素和纤维素能力强的食用菌。在栽培中，主要使用麦秸、稻草、木屑、菌糠等为培养料，提供碳源。氮源则来自麦麸、米糠等，并需补充矿物质元素和维生素。原料需保持新鲜无霉变，否则产量会下降。氮素过高也会对其生长产生不利影响。

（二）环境条件

1.温度

大球盖菇为中温型菌类，对温度有特定要求。菌丝生长最适温度为23～28 ℃，范围为5～36 ℃。原基分化最适温度为12～25 ℃，范围为4～30 ℃。子实体生长最适温度为16～21 ℃，范围为4～30 ℃。

2.水分和空气相对湿度

精确测定后，培养料含水量应控制在65%～70%。大球盖菇采用床栽，水分易散失，故发菌期需维持空气湿度65%～75%。随着原基分化和子实体生长，空气湿度应提升至90%～95%，确保最佳生长环境。

3.空气

大球盖菇在菌丝生长初期对氧气需求较小，但随菌丝生长，需求逐渐增加。为确保菇场空气新鲜，满足氧气供应，必须加强通风换气。

4.光线

菌丝生长阶段需遮光，以促进生长。进入原基分化和子实体生长阶段时，需提供散射光，光照强度控制在100～500 lx范围内。

5.酸碱度

大球盖菇的生长环境需要培养料略呈酸性。在pH值为4至11的范围内，菌丝均能够生长，但最佳的pH值范围是5至7.7。

6.覆土

虽然大球盖菇能在不覆土的情况下生长，但产量会大幅下降。为了获得高产，覆土是必需的。高压灭菌处理会暂时抑制大球盖菇的出菇。只有经过一段时间，覆土中的微生物才能促进大球盖菇原基形成，从而促使出菇。

实训25　大球盖菇环境条件调控

一、实训目的

1.掌握大球盖菇环境调控的理论基础。

2.能够进行大球盖菇生产中环境调控措施。

二、实训设备及器件

智慧农业环境控制系统、自记温湿度仪、照度计、气体测试仪、PH检测仪、记录表。

三、实训地点

食用菌栽培室，生产示范基地。

四、实训步骤及要求

1. 环境监测

观测食用菌栽培室、示范基地内温度、湿度、光照、二氧化碳浓度及培养基中 PH 数值，并根据要求记录。

2. 数据整理

观测记录的数据进行整理。

3. 数据对比

将记录整理的数据与智慧农业环境控制系统中数据进行比较，判定记录准确性。

4. 根据数据结果，给出当前条件下，应如何进行环境调控。

五、实训分析与总结

大球盖菇的生育环境条件至关重要，要明晰各阶段对环境条件的要求，并能够进行合理的调控管理。

【评分标准】

考核内容要求	考核标准（合格等级）
1. 观测、记录态度认真 2. 准确给出调控措施	A. 观测仪器指标认真，记录准确，能够与智慧系统无差异，做出的调控措施合理，可操作性强。 B. 观测仪器指标较认真，记录较准确，能够与智慧系统差异小，做出的调控措施较合理，能够进行操作。 C. 观测仪器指标不认真，记录缺乏准确性，与智慧系统差异大，做出的调控措施一般，可操作性一般。 D. 观测仪器指标不认真，记录不准确，与智慧系统差异明显，做出的调控措施不合理，无可操作性。

任务二 大球盖菇生产技术

【知识目标】

1.掌握大球盖菇生产发酵料制作。

2.掌握大球盖菇生产管理技术。

【技能目标】

能够熟练掌握大球盖菇生产管理技术。

一、栽培季节和生产周期

（一）栽培季节

大球盖菇的播种期应根据其生物学特性、当地气候和栽培设施确定。在 8～30 ℃的温度范围内均可播种。南方地区最适宜的播种期为 10 月至 11 月上旬，北方地区可适当提前。秋季播种应在气温降至 30 ℃以下时进行，春季播种则需在气温回升至 8 ℃以上时开始。

（二）生产周期

播种后 4～5 天，菌丝开始萌发。经过 30～35 天生长，进行覆土。覆土后约 10 天，土层内形成原基。原基破土而出，形成小菇蕾。气温不同，小菇蕾经 5～10 天发育，子实体成熟。一般可收获 3～4 潮菇。

二、培养料配方及处理

（一）培养料配方

（1）稻壳（稻草或麦秸）100%。

（2）麦秸 70%，稻壳 30%。

（3）稻草 50%，稻壳 50%。

（4）玉米秸（晒干、压扁）50%，稻壳 50%。

（5）玉米秸（晒干、打碎）70%，稻壳 30%。

（6）玉.米秸（晒干、打碎）40%，废菌渣 40%，稻壳 20%。

（7）杂木屑 50%，秸秆类 20%，稻壳 30%。

（8）各种干枝条（切断）50%，秸秆类 20%，稻壳 30%。

（二）培养料处理

大球盖菇的栽培有两种方式：生料栽培和发酵栽培。生料栽培中，原料可通过浸泡或喷水调整含水量至 70%左右，然后铺料播种。但更推荐发酵栽培，需建堆发酵 5～8 天，期间翻堆 2 次，待温度降至常温后铺料播种。

三、栽培方式

大球盖菇主要采用畦床栽培法，畦床宽 1～1.2m，作业道宽 40～50cm。铺料前需洒重水，床面两边各留 10cm 以增加出菇面。每层料厚度规定，总厚度 20～30cm。1m³ 用 20～30kg 干草。畦床高 25～30cm，呈龟背状。采用穴播接种法，第一、二层用 750mL 菌种 1 瓶，最上层用 2 瓶，确保菌种成块且交叉排列。使用适龄新鲜菌种，避免老化。播种后压实料面，使菌种和料充分接触，最后盖上草苫。覆盖草堆时保持湿润，避免干燥，草帘湿度适中。

四、发菌期管理

发菌期的主要任务是调控温度和湿度。堆温保持在 23～28 ℃，培养料含水量 65%～70%，空气相对湿度 65%～75%。期间需适时通风。前期无需喷水，10～15 天后，床面干燥发白时，可少量喷水保湿，避免培养料含水量下降。喷水时，四周多喷，中间少喷或不喷。

五、覆土

发菌期约 30 天，菌丝吃料达 2/3 时覆土。用草堆边土壤做畦沟，宽 25～30cm，深 15～20cm。覆土含水约 20%，厚 3～5cm，湿润后捏扁不碎。覆土上覆 3～5cm 草，用竹片架防伤菇蕾。也可采用二次覆土法，第一次铺料后覆土，第二次菌丝长透料面再覆土。

六、出菇期管理

覆土后，菌丝开始扩展。菌丝出土后，需降低湿度、增强通风并停止喷水，促使菌丝倒伏。倒伏后，土层内开始形成原基，此时应增加光照、通风，保持土层湿润，控制温度在 12～25 ℃，以促进原基形成。原基形成后，突破土层形成小菇蕾，此时温度维持在 16～21℃。浇水应少量多次，确保覆土湿润，空气相对湿度维持在 90%左右。每天通风 2～3 次，每次 1 小时，并提供散射光照，确保大球盖菇正常生长。（图 11-1）。

图 11-1　大球盖菇出菇

七、采收

在子实体生长的过程中，需要在现蕾后的 5 至 10 天内达到成熟状态。在此期间，应密切监控菌盖的生长情况。当菌盖的直径扩展至 6 至 8cm，边缘开始内卷，且菌膜尚未破裂，菌盖保持钟形时，应立即进行采收。采收过程中，应确保操作轻柔，仅握住菌柄轻轻拔下，避免对培养料产生不必要的扰动。采收后，需对菇脚进行妥善处理，并进行包装销售或烘干，以确保产品质量和后续利用效果。

八、后潮菇管理

在食用菌采摘完毕后，务必对菇床进行彻底的清理工作。针对采菇过程中形成的空洞，要立即采取覆土措施进行填补，以确保菇床的完整性和稳定性。随后，应暂停喷水作业，通过覆盖薄膜来保持菇床内的湿度，为菌丝的恢复生长创造有利环境。待菌丝恢复生长后的 2~3 天内，要及时补充培养料中的水分，并进行科学的出菇管理。

实训 26　大球盖菇生产技术管理

一、实训目的
1.掌握大球盖菇生产方法。
2.能够进行大球盖菇生产管理。

二、实训设备及器件
试验用大棚、大球盖菇栽培种、发酵料、喷水设施、大球盖菇采收用具，记录表。

三、实训地点
生产示范基地。

四、实训步骤及要求
1.大球盖菇优质菌种判定
按设计要求进行大球盖菇优质菌种判定，并根据要求记录。
2.进行大球盖菇播种、出菇处理
通过参与大球盖菇播种、出菇管理，掌握标准及操作技巧。
3.出菇管理
根据环境条件控制标准，对大球盖菇进行管理，包括出菇温度、干湿管理、棚室管理及适时采收等。

4.根据数据、管理结果，给出评判。

五、实训分析与总结

大球盖菇生产要素调控，并能够进行合理的出菇管理。

【评分标准】

考核内容要求	考核标准（合格等级）
1.观测、记录态度认真 2.准确进行出菇管理	A.观测菌袋标准认真，记录准确，能够根据棚室特点适当管理，可操作性强。大球盖菇产量超过平均产量20%以上。 B.观测菌袋标准较认真，记录较准确，基本能够根据棚室特点适当管理，可操作性较强。大球盖菇产量与平均产量持平。 C.观测菌袋标准一般认真，记录大致准确，未能根据棚室特点适当管理，可操作性一般。大球盖菇产量低于平均20%以内。 D.观测菌袋标准不认真，记录不准确，不能够根据棚室特点适当管理，无可操作性强。大球盖菇产量低于平均20%以上。

大球盖菇生产技术管理详细视频讲解见资源11-1。

资源11-1

项目十二 草菇生产技术

任务一 草菇生产基础

【知识目标】

1.了解草菇发展概况。

2.明确草菇生产特点。

3.掌握草菇生活条件。

【技能目标】

熟练掌握草菇生活条件指标及调控。

草菇［Volvariella volvacea（Bull.）Singer］，别名包括苞脚菇、兰花菇、秆菇、麻菇等。该菌种属于生物分类中的担子菌门、层菌纲、伞菌目、光柄菇科、小苞脚菇属。

草菇因独特风味和肥嫩口感深受喜爱，适合烹炒、煲汤等多种烹饪方式，并可加工成罐头、酱油等制品。其营养价值极高，含有高蛋白质、低脂肪和多种必需氨基酸，对人体健康有重要作用。草菇的蛋白质含量在食用菌中仅次于双孢蘑菇，是健康饮食的理想选择之一。

草菇含有多种维生素，包括维生素 B、维生素 C、维生素 D、维生素 K 和烟酸等，其中维生素 C 含量特别高，每 100g 可达 206.27mg，远超其他蔬菜，甚至可与辣椒媲美。食用 100 至 200g 鲜草菇即可满足每日维生素 C 需求，增强免疫功能。此外，草菇还富含纤维素，含量为 10.4%至 11.9%，有助于预防肠癌。维生素 C 还能抑制亚硝酸盐形成和吸收，预防癌症。

草菇是一种高温性食用菌，主要在中国和东南亚地区栽培。中国是草菇的原产地，广东南华寺是其发源地，已有 200 多年历史。1934 年，草菇传入东南亚国家，并在这些地区广泛栽培。如今，草菇也在菲律宾、泰国、印度尼西亚、新加坡、韩国、日本、尼日利亚、马达加斯加等国家栽培，被亲切地称为"中国蘑菇"。

草菇在我国自 20 世纪 70 年代开始大规模栽培，现已在南北各地广泛种植，主要产地包括福建、广东、广西、湖南、江西、四川、江苏、河南、河北等省区。我国草菇生产和出口量均居世界前列，产品如速冻草菇、干草菇和草菇罐头等远销至港澳地区、东南亚、日本及北美等地，备受国际市场赞誉。

一、形态特征

（一）菌丝体

草菇菌丝体为浅白色半透明，显示出气生菌丝生长的旺盛。随着老化，会形成疏松、略带黄色的菌丝团。多数次生菌丝能形成红褐色厚垣孢子。

（二）子实体

草菇子实体具有特征明显的菌盖、菌褶和菌柄。其菌盖呈钟状初期，成熟后平展，边缘整齐，表面有独特的灰色纤毛条纹。菌褶为浅红或红褐色，直而整齐，与着生的子实层相连。菌柄在不同生长阶段表现出细长、粗短的特征，而菌托则在幼期保护作用下，成熟时呈现出杯状形状。整体呈现出美观的外形，但商品草菇要在开伞前收获以保持其商业价值。

二、生长发育条件

（一）营养条件

1.碳源

草菇是草腐菌，擅长分解纤维素和半纤维素，但不太擅长分解木质素。

它的菌丝可以直接吸收葡萄糖,或通过胞外酶将多糖和含碳的纤维素降解为单糖后再吸收。因此,含有纤维素的原料,如棉籽壳、废棉、稻草等,都可以作为草菇的栽培基质。

2.氮源

草菇菌丝对硝态氮的利用能力较弱,只能吸收低分子的氨基酸等物质。畜禽粪便、豆饼粉、麦麸等含氮物质在料中通过蛋白酶分解成氨基酸,成为草菇菌丝的营养来源。然而,硝态氮过多会抑制菌丝生长,因此在添加尿素等氮源时,应注意控制用量不超过0.5%。在用稻草、麦秸等原料栽培草菇时,适量添加豆饼粉、麦麸等可促进发酵,提高菌丝生长速度,提前出菇,从而增加产量。

3.矿物质元素

草菇的生长发育还对适量的矿物质有需求。为了满足这方面的需要,通常在培养料中添加适量的石灰、石膏、硫酸镁等矿物质。

4.生长素

生长素对草菇的生长有明显的影响,尤其是使用 0.03×10^{-6} 的赤霉素和激动素,可以有效促进草菇的发育。同时,在培养料中添加米糠等物质能够补充生长素,进一步提升生长素的含量,对草菇的生长发育具有积极作用。

(二)环境条件

1.温度

草菇是热带和亚热带地区的夏季食用菌。其担孢子在25～45℃之间萌发,最适温度为40℃;菌丝生长的最适温度为35～38℃,低于15℃则停止生长,超过45℃会死亡;子实体形成和发育的最适温度为30～32℃,低于28℃速度减缓,高于45℃则软化和死亡。

2.水分和空气相对湿度

草菇培养时,培养料含水量应控制在60%～65%。菌丝生长阶段,空气相对湿度需维持在约70%,子实体生长阶段则需提升至约90%。

3.空气

草菇是好氧性真菌,对二氧化碳敏感,浓度达1%时生长受抑制。子实体形成期需保持新鲜空气,通风不良或高二氧化碳会影响其形成。草菇子实体迅速膨大时呼吸活跃,缺氧可能导致烂菇和病害。因此,整个栽培过程应确保良好通风,维持适宜气体环境,促进草菇健康生长。

4.光线

草菇菌丝在黑暗中生长良好,但子实体形成需要散射光刺激。光照强度影响草菇颜色,过强光线使颜色加深,不足则变浅。充足光照使子实体组织致密,不足则组织疏松,影响产量。

5.酸碱度

草菇生长环境偏好中性偏碱,孢子萌发和菌丝生长适宜的 pH 值分别为 $6\sim7.5$ 和 $7.5\sim8$。生产中,培养料 pH 值可调整至 $10\sim12$,随菌丝生长,pH 自然降至 $7.5\sim8$。子实体生长阶段,喷洒石灰上清液可中和有机酸,促进生长并抑制杂菌。

实训 27　草菇环境条件调控

一、实训目的

1.掌握草菇环境调控的理论基础。

2.能够进行草菇生产中环境调控措施。

二、实训设备及器件

智慧农业环境控制系统、自记温湿度仪、照度计、气体测试仪、PH 检测仪、记录表。

三、实训地点

食用菌栽培室,生产示范基地。

四、实训步骤及要求

1.环境监测

观测食用菌栽培室、示范基地内温度、湿度、光照、二氧化碳浓度及培养基中 PH 数值,并根据要求记录。

2.数据整理

观测记录的数据进行整理。

3.数据对比

将记录整理的数据与智慧农业环境控制系统中数据进行比较,判定记录准确性。

4.根据数据结果,给出当前条件下,应如何进行环境调控。

五、实训分析与总结

草菇的生育环境条件至关重要,要明晰各阶段对环境条件的要求,并能够进行合理的调控管理。

【评分标准】

考核内容要求	考核标准(合格等级)
1.观测、记录态度认真 2.准确给出调控措施	A.观测仪器指标认真,记录准确,能够与智慧系统无差异,做出的调控措施合理,可操作性强。 B.观测仪器指标较认真,记录较准确,能够与智慧系统差异小,做出的调控措施较合理,能够进行操作。 C.观测仪器指标不认真,记录缺乏准确性,与智慧系统差异大,做出的调控措施一般,可操作性一般。 D.观测仪器指标不认真,记录不准确,与智慧系统差异明显,做出的调控措施不合理,无可操作性。

任务二 草菇生产技术

【知识目标】

1.掌握草菇生产栽培料处理方法。

2.掌握草菇生产管理技术。

【技能目标】

能够熟练掌握草菇生产管理技术。

一、栽培季节

草菇生长需要高温高湿环境,南方如福建、广东、广西可在4~9月栽培,连续3~5次;黄河以北则在6月上旬至8月中旬栽培,连续2~3次。在有利的设施条件下,草菇可实现全年栽培。

二、培养料配方及处理

（一）培养料配方

	棉籽壳	稻草	碎稻草	玉米秸	麦秸	甘蔗渣	干牛粪	生石灰	pH值	尿素	多菌灵	水
1	97%							3%	8			适量
2		82%					15%	3%	8			适量
3	48%	49%						3%	8			适量
4		80%					17%	3%	8			适量
5		35%		62%				3%	8			适量
6			30%			69.8%			8	0.1%	0.1%	适量

图 12-1　培养料配方

（二）培养料处理

草菇培养料处理方法有生料和发酵料两种。生料栽培中，稻草、麦秸经石灰水浸泡后，与水、棉籽壳等拌匀；发酵料栽培则通过常规建堆发酵，翻堆 2～3 次，约 7 天后即可播种。近年来，借鉴双孢蘑菇二次发酵法的方法也被引入，有助于减轻病虫害并提高产量。

三、床架栽培技术

（一）床架设计

草菇栽培在菇房或菇棚中进行。床架层数和尺寸根据房屋（棚）高低和面积确定，一般为 4～5 层。标准床架尺寸为长 4m、宽 1～1.5m、层间距 0.6m，最底层离地 0.3m，最顶层离房顶 1～1.5m，床架间留 0.8m 通道。床架走向与房屋垂直，可采用竹木或水泥预制结构。

（二）堆料接种

草菇的培养料含水量控制在 65% 左右。在畦床上，先铺上经 2% 石灰水浸泡的稻草作垫，厚度为 1.6cm。堆料时，每铺 5cm 料播一层菌种，共三层，表面一层菌种稍多，用木板拍平成龟背形，堆料厚度为 12~15cm。波浪式栽培法采用颗粒状原料，波峰料厚 20cm，波谷料厚 12cm，波峰到波谷长 25cm。播种采用层播法，播量为 10%~15%，用木板拍平后，用 2%石灰水浸泡的稻草覆盖。

（三）发菌期管理

播种后应迅速用塑料薄膜覆盖，以保持湿润和保温，促进菌丝的生长。菌丝生长阶段需保持暗光、进行定时通风，并保持空气相对湿度在 70%左右。注意控制室（棚）内温度，在 30℃以下关闭门窗提高温度，在 40℃以上揭开薄膜通风降温。通风时，增加适量的洒水，喷洒到地面、空中和墙壁，保持湿度不下降，有利于保湿和降温。草菇从接种到采收大致需要 10~12 天。在波浪式栽培中，注意波峰料温在 38~40℃为正常，超过 40℃要通风，低于 30℃要覆膜保温。播种后 5 天左右加强通风，揭开薄膜喷雾保持稻草湿润，8 天后草菇原基开始形成。另外，在料面覆土栽培时，播种后 2~3 天即可进行覆土，厚度约 1cm。

（四）出菇期管理

草菇在从原基形成到子实体成熟的过程中只需 4 天左右。在子实体初形成时，需要掀去薄膜，控制栽培场所温度在 30~35℃，白天稍高，夜晚通风降温，形成温差，有利于子实体的营养积累。同时，增加散射光照射，促进子实体的生长。在维持高湿度的同时，要注意避免一次性洒水过多，尤其不要直接向菇体上大量洒水，以防止幼菇被水膜隔绝而窒息死亡。在适宜的温度下，草菇菌丝生长旺盛，产生有机酸降低培养料 pH 值，需要在洒水时喷一些 2%的石灰水上清液来调整 pH 值。此外，要防治菇蝇和螨类，每隔 2~3 天喷洒 0.1%的杀灭菊酯来防止虫害。草菇可进行 2~3 次的收获，其中第一次的产量占总产的 70%左右（图 12-2）。

图 12-2 草菇出菇

第一潮至关重要。为提升二、三潮产量，采完第一潮后需向培养料中添加营养液，这是关键管理步骤，可显著提高后续潮次草菇产量。

（五）采收

草菇的采收标准因用途和市场需求而有差异，蛋形期的草菇在口感、贮存时间和商品价值上具有优势。在草菇的两个阶段中，伸长期的草菇形状椭圆至卵圆，尚未破膜，触感变松，包膜收缩，此时应进行采收。采摘时需轻轻旋转拔出，一手按住子实体周围的培养基，避免触碰和摇动导致草菇的萎缩和死亡。对于成簇的草菇，最好等大部分可采摘时一齐采下，以免因采摘时的摇动而导致死亡。每天早晚两次采收，如果晚上不采收，第二天可能会有大量的草菇开伞。

四、地面畦栽技术

（一）畦床制作

选用肥沃的沙质壤土，建立畦床。为增强蓄水与透气性，掺入 10%~15% 稻糠，加水搅拌至含水量约 20%。畦宽 1~1.2m，畦间留 0.3~0.4m 走道，便于管理。畦床走向与菇棚垂直。

（二）堆料播种

铺料前，先撒一层经石灰水浸泡的稻草在床面上。然后，在稻草上铺设5cm厚的培养料，并播撒草菇菌种。重复此过程，铺设三层料，每层播撒菌种，料层厚15cm，播种量10%～15%。最后，用薄膜覆盖畦床，稳定温湿度，促进菌丝定植和蔓延。

（三）出菇管理

当菌丝长满培养料，菇蕾形成时，揭开薄膜。每天洒水2～3次，避免直接洒在幼蕾上，应洒向空中和地面，使空气湿度达90%左右。加强通风，排出废气如氨气和二氧化碳，确保菇棚内氧气充足。为促进子实体生长，增加散射光照。当菇体成熟时，即可采收。

实训28　草菇生产技术管理

一、实训目的
1.掌握草菇生产方法。

2.能够进行草菇生产管理。

二、实训设备及器件
试验用大棚、草菇栽培种、发酵料、喷水设施、草菇采收用具，记录表。

三、实训地点
生产示范基地。

四、实训步骤及要求
1.草菇优质菌种判定

按设计要求进行草菇优质菌种判定，并根据要求记录。

2.进行草菇播种、出菇处理

通过参与草菇播种、出菇管理，掌握标准及操作技巧。

3.出菇管理

根据环境条件控制标准，对草菇进行管理，包括出菇温度、干湿管理、棚室管理及适时采收等。

4.根据数据、管理结果，给出评判。

五、实训分析与总结

草菇生产要素调控,并能够进行合理的出菇管理。

【评分标准】

考核内容要求	考核标准(合格等级)
1. 观测、记录态度认真 2. 准确进行出菇管理	A. 观测菌袋标准认真,记录准确,能够根据棚室特点适当管理,可操作性强。草菇产量超过平均产量20%以上。 B. 观测菌袋标准较认真,记录较准确,基本能够根据棚室特点适当管理,可操作性较强。草菇产量与平均产量持平。 C. 观测菌袋标准一般认真,记录大致准确,未能根据棚室特点适当管理,可操作性一般。草菇产量低于平均20%以内。 D. 观测菌袋标准不认真,记录不准确,不能够根据棚室特点适当管理,无可操作性强。草菇产量低于平均20%以上。

项目十三　姬松茸生产技术

任务一　姬松茸生产基础

【知识目标】

1.了解姬松茸发展概况。

2.明确姬松茸生产特点。

3.掌握姬松茸生活条件。

【技能目标】

熟练掌握姬松茸生活条件指标及调控。

姬松茸，(Agaricus blazei Murrill)，俗称巴西蘑菇、小松菇、柏氏蘑菇等。属于真菌界担子菌门、层菌纲、伞菌目、蘑菇科、蘑菇属。

姬松茸原产于美国和南美，主要生长在海岸草场和巴西东南山地。1965年，日裔巴西人古本隆寿在巴西发现姬松茸并分离出菌种，带回日本赠予三重大学。经过栽培试验，于1972年和1975年实现了园地和高垄栽培成功。之后，姬松茸在日本三县推广，产品在东京、名古屋等地上市，受到消费者喜爱。

姬松茸以杏仁香味和美味口感闻名，营养丰富，可作食用菌和药用。每100g干姬松茸含43.19g粗蛋白、3.73g粗脂肪、6.01g粗纤维、41.56g可溶性糖、5.54g灰分和0.14g麦角甾醇。其氨基酸总量为19.22%，必需氨基酸占50.18%，超过一般食用菌。此外，姬松茸富含钾、钙、镁、铁、锰、锌、磷等矿物质元素，以及多种维生素和具有抗肿瘤活性的多糖。特别是β-D葡聚糖和多糖-蛋白质复合体,有助于降低血糖、血脂、血压和改善动脉硬化。

姬松茸的菌丝体、子实体及其提取物含有多种生物活性成分,具有提高免疫力、抗癌、降血糖、血压和胆固醇等多种功效,且无毒副作用。实验证明,姬松茸提取物对癌细胞的治愈率和抑制率均高,口服和注射效果显著。基于其提取物制造的产品在日本市场备受欢迎。

一、形态特征

(一)菌丝体

菌丝体在不同培养基上特征不同。在PDA培养基上,菌丝白色、绒毛状、致密纤细,气生菌丝生长旺盛,爬壁能力强。在粪草培养基上,菌丝匍匐状,生长粗壮整齐,速度快于双孢蘑菇,随菌龄增加形成菌丝束和白色菇蕾。在麦粒培养基上,菌丝洁白、浓密,也形成菌丝束。显微镜下,菌丝有间隔和分枝,无锁状联合。

(二)子实体

子实体呈中等大小,菌盖由扁圆形至半球形,成熟后呈馒头形,直径6~11 cm,表面有淡褐色或栗褐色的鳞片,盖缘有内菌幕残片。菌肉厚实,白色,受伤变橙黄色,老熟时呈暗黑色。菌褶密集,宽8~10 mm,初为白色,后变为肉色至黑褐色。菌柄圆柱形,中实,上下等粗或基部稍膨大,长6~13 cm、粗1~2 cm,菌环以上为白色,以下为栗褐色鳞片,后变光滑。菌环上位,膜质,初为白色,后变为褐色,膜下有褐色棉屑状附属物。孢子为暗褐色,光滑,呈宽椭圆形至球形,大小为(5.5~6.6) μm × (3.7~4.4) μm,孢子印为黑褐色。

二、生长发育条件

(一)营养条件

姬松茸作为草腐菌,最适宜的碳源是蔗糖,其菌丝在1%~7%蔗糖浓度范围内生长最快。姬松茸不能利用淀粉,但能分解多种废弃物质,如麦秸、稻草、玉米秸、畜禽粪、饼肥等。最适宜的氮源为有机氮,同时添加石膏、过磷酸钙等补充矿物质元素,用石灰调节酸碱度,为姬松茸生长提供合适培养基。

(二)环境条件

1.温度

姬松茸是中温恒温结实性菇类,菌丝生长最适温度为23~27℃,低于10℃生长缓慢,超过37℃则干枯死亡。子实体生长最适温度为22~28℃,无需温差刺激。

2.水分和空气相对湿度

姬松茸生长过程中,需调控培养料含水量。菌丝生长时,含水量应为60%~65%;子实体生长时,含水量为65%~70%;覆土含水量约20%。发菌期空气湿度为70%,出菇期则为85%~90%。

3.空气

姬松茸是好氧性真菌,需要充足的氧气来维持生长和发育。通气不良会导致菌丝受阻、生长缓慢,甚至死亡和菇蕾变黄枯萎。因此,保持通风良好和空气新鲜是保持姬松茸菇色亮丽、菇体硬实和生长健壮的关键。

4.光线

姬松茸生长过程中,菌丝生长阶段不需要光线,黑暗环境有助于生长发育。而子实体则需要散射光。过强的光线会导致菇体矮小,菌盖鳞片上卷,并影响子实体颜色。

5.酸碱度

姬松茸菌丝在 pH 值 5~9 的培养基中均可生长,但最适生长环境为 pH 值 6.5~8。

实训29 姬松茸环境条件调控

一、实训目的

1.掌握姬松茸环境调控的理论基础。

2.能够进行姬松茸生产中环境调控措施。

二、实训设备及器件

智慧农业环境控制系统、自记温湿度仪、照度计、气体测试仪、PH 检测仪、记录表。

三、实训地点

食用菌栽培室，生产示范基地。

四、实训步骤及要求

1.环境监测

观测食用菌栽培室、示范基地内温度、湿度、光照、二氧化碳浓度及培养基中 PH 数值，并根据要求记录。

2.数据整理

观测记录的数据进行整理。

3.数据对比

将记录整理的数据与智慧农业环境控制系统中数据进行比较，判定记录准确性。

4.根据数据结果，给出当前条件下，应如何进行环境调控。

五、实训分析与总结

姬松茸的生育环境条件至关重要，要明晰各阶段对环境条件的要求，并能够进行合理的调控管理。

【评分标准】

考核内容要求	考核标准（合格等级）
1. 观测、记录态度认真 2. 准确给出调控措施	A. 观测仪器指标认真，记录准确，能够与智慧系统无差异，做出的调控措施合理，可操作性强。 B. 观测仪器指标较认真，记录较准确，能够与智慧系统差异小，做出的调控措施较合理，能够进行操作。 C. 观测仪器指标不认真，记录缺乏准确性，与智慧系统差异大，做出的调控措施一般，可操作性一般。 D. 观测仪器指标不认真，记录不准确，与智慧系统差异明显，做出的调控措施不合理，无可操作性。

任务二　姬松茸生产技术

【知识目标】

1.掌握姬松茸生产栽培料处理方法。

2.掌握姬松茸生产管理技术。

【技能目标】

能够熟练掌握姬松茸生产管理技术。

一、栽培季节和栽培周期

姬松茸出菇的适宜温度是 22～28℃，生长周期从播种到出菇需要 40～50 天。姬松茸适合在春、秋两季栽培，秋栽更佳。春栽 3～4 月播种，5～6 月出菇；秋栽 8 月下旬至 9 月上旬播种，9 月下旬开始出菇。栽培过程中需提前 22～23 天建堆发酵，前发酵 14～15 天，后发酵 6～8 天，播种后发菌 20～25 天，然后覆土。覆土后 20 天左右可出菇，每 10 天采收一潮菇，共收 4～5 潮菇。整个生长周期为 100～120 天。

二、培养料配方及处理

（一）培养料配方

生产中应用的配方较多，各地可以结合资源灵活调整配方。培养料用量以 20 kg/m² 左右为宜。

培养料配方如图 13-1 所示。

	稻草	麦秸	玉米秸	菌糠	麸皮(米糠)	棉籽壳	干牛粪	牛粪	干鸡粪	饼肥	尿素	碳酸钙	过磷酸钙	石膏粉	石灰	水
1	68%					25%					1%		2%	2%	2%	适量
2	78%				12%				3%		1%		2%	2%	2%	适量
3	92.5%									1.5%			2%	2%	2%	适量
4	20%	58%			3%	15%							1%	1%	2%	适量
5			41%		36%	15%					0.5%	1.5%	2%	2%	2%	适量
6		70%			12%	15%					0.5%		1%	1.5%	2%	适量
7	41%				6.5%	41%		7			0.5%		1%	1.5%	2%	适量
8		17%		50%	10%					18%			2%	1%	2%	适量

图 13-1　培养料配方

(二)培养料处理

1.一次发酵

姬松茸栽培以发酵料栽培为主。发酵方法可参考本书"双孢蘑菇培养料发酵方法"。

优质培养料发酵后应为深咖啡色,无异味,不黏稠,生熟适中,柔软有弹性,含水量约 65%,总氮含量 1.5%~1.8%,pH 值 8.0~8.5。

2.二次发酵

二次发酵又称为后发酵。二次发酵培养料经过一次发酵和二次发酵两个阶段。发酵方法可参考本书"双孢蘑菇培养料二次发酵方法"。

后发酵结束后,优质的培养料呈褐色,手握时感觉柔软有弹性,同时有一定的韧性,不会沾手。培养料应具备香味,不应有氨味或臭味。适宜的含水量为 65%,握持培养料时手指捏有 2~3 滴水下落。维持 pH 值在 7.0 左右。

三、铺料播种

在栽培姬松茸时,菇房应在进料前进行全面消毒,尤其对于采用一次发酵方法的情况,还需进行空间消毒。选择生长旺盛、无病虫害的优质麦粒种作为菌种。在铺料时要保持厚度一致,待料温降至 30 ℃以下再进行播种。采用混播加撒播的方式,确保菌种均匀分布,最后轻轻拍平,有助于菌丝的定植。

四、发菌

发菌期的管理涉及温湿度的调控,通过密闭发菌、适时通风等方式保持适宜的生长环境。避光措施有助于菌丝生长。在发菌期要经常检查病虫害情况,及时采取防治措施。在菌丝基本封面并深入料层 2/3 处时,及时进行覆土。

五、覆土

土壤覆盖对姬松茸栽培至关重要,缺乏将导致生长困难。覆盖对产量和品质有深远影响,是确保姬松茸健康生长、提升产量和品质的重要保障。

(一)覆土要求

蔗糠细土法用于覆土,土壤含水量需控制在 20%～22%。覆土前需对土壤进行严格消毒,使用混合液喷洒后密闭 24～48 小时。完成后及时摊开,挥发药物味道。每 $100m^2$ 床面需覆土 $3～4m^3$。

(二)覆土时间和方法

覆土时机在播种后 15～20 天,确保菌丝长满培养料表面。一次性覆土法是常见方式,可一次性完成整个覆土过程。覆土厚度一般为 3cm 左右。

(三)覆土后的管理

1.水分管理

覆土后的管理重点在于土壤的水分管理,确保土壤保持湿润状态。喷水的频率通常为 7～10 天一次,每次喷水要轻喷勤喷,避免水分过多导致通气不良。另外,可以采取覆盖草帘或薄膜的方式减少水分蒸发,但要定时掀开薄膜进行通风换气,以防止形成致密的菌丝层。

2.温度管理

覆土后需维持适宜温度,通常在 22～25℃ 之间。通常不进行通风管理,仅在温度较高时适量通风。当菌丝量增多、少量爬出土层且菌索粗壮时,表示姬松茸进入出菇阶段，需进行相应管理。

六、出菇期管理

覆土后 20 天左右，当菌丝爬上土层形成粗壮的束，土壤表面出现米粒大小的白色原基时，姬松茸即进入出菇阶段。

（一）温度控制

姬松茸是一种对温度敏感的菇类，适宜的温度范围为 20～25 ℃。温度的控制对其生长和商品性质有着重要影响，过高或过低的温度都会影响产量和质量。在不同季节，要采取相应的措施，如通风、覆盖薄膜、停止洒水等，以维持理想的生长环境。特别要注意春、秋季温差大的情况，防止幼小子实体受到温度剧变而出现问题。精心管理温度是姬松茸种植中的关键步骤，可有效提高产量和品质。（图 13-2）

图 13-2　姬松茸出菇

（二）湿度调节

为了满足姬松茸子实体的生长水分需求，湿度的管理至关重要。这主要通过调节土壤含水量和空气相对湿度来实现。湿度管理有两种主要方法，一是轻喷勤喷法，二是重喷法。

1.喷轻水

姬松茸种植过程中，土壤湿度管理极为关键。需及时喷水保持湿度，但每次喷水量要适中，维持空气相对湿度在85%～90%。在原基形成和幼菇初期，喷水需谨慎，以免损害生长。根据菇量调整喷水频率，主要喷向地面和空间，喷水后需通风。高温时早晚喷水，阴雨天多通风少喷水，晴天维持90%湿度。冬季少喷水，保持细土微湿；春季勤喷轻喷，避免过多用水。

2.喷重水

当土壤表面出现白色粒状菇蕾，意味着姬松茸即将出菇。此时需用重水喷洒土壤，每 m^3 使用 2～3kg 水，分两天多次进行，保持土壤湿润。喷水目的是提高空气湿度至90%左右，满足姬松茸生长需求。在水分管理上，遵循一潮菇喷一次重水的原则，并及时停止喷水，当菇体直径达到3cm时，以避免形成畸形菇，这是姬松茸水分管理的关键。

（三）通风换气

出菇期需保持通风换气，确保棚内空气新鲜。不良通风和高二氧化碳浓度会导致畸形菇和病害。喷水时需通风换气，俗称"不打开门水"。

（四）增加光照

姬松茸的生长对散射光有重要依赖。在黑暗条件下，姬松茸难以出菇且易形成畸形菇。提供适宜的光照强度，如看书写字的光亮，对姬松茸的正常生长有益。

七、采收

菇盖含苞将开、未离菌柄且仍球形时，感觉发软即可轻柔采收。高温期间，子实体生长快，建议早晚各采一次。采菇时轻捏菌盖，旋转摘下，注意轻柔。采后切去带泥菌柄，确保切口平整，轻轻放入筐中，避免碰伤和变色。

八、采后管理

在姬松茸栽培过程中,采后清理工作至关重要。每次采菇后,应及时挑出老根和死菇,保持床面的清洁。留下的坑穴需要用湿润的覆土填平,确保畦面平整,防止积水对菌丝生长的影响。对于土层的处理,第一、二潮菇后应及时松动板结的土层,撬断其中的菌丝,促进转潮和结菇。第三潮菇后,为增加培养料的透气性,要戳洞促进气体交换,保持持续不断的出菇环境。一般秋季栽培可收获 4~5 潮菇。

实训 30 姬松茸生产技术管理

一、实训目的

1.掌握姬松茸生产方法。

2.能够进行姬松茸生产管理。

二、实训设备及器件

试验用大棚、姬松茸栽培种、发酵料、喷水设施、姬松茸采收用具、记录表。

三、实训地点

生产示范基地。

四、实训步骤及要求

1.姬松茸优质菌种判定

按设计要求进行姬松茸优质菌种判定,并根据要求记录。

2.进行姬松茸播种、出菇处理

通过参与姬松茸播种、出菇管理,掌握标准及操作技巧。

3.出菇管理

根据环境条件控制标准,对姬松茸进行管理,包括出菇温度、干湿管理、棚室管理及适时采收等。

4.根据数据、管理结果,给出评判。

五、实训分析与总结

姬松茸生产要素调控,并能够进行合理的出菇管理。

【评分标准】

考核内容要求	考核标准（合格等级）
1. 观测、记录态度认真 2. 准确进行出菇管理	A. 观测菌袋标准认真，记录准确，能够根据棚室特点适当管理，可操作性强。姬松茸产量超过平均产量20%以上。 B. 观测菌袋标准较认真，记录较准确，基本能够根据棚室特点适当管理，可操作性较强。姬松茸产量与平均产量持平。 C. 观测菌袋标准一般认真，记录大致准确，未能根据棚室特点适当管理，可操作性一般。姬松茸产量低于平均20%以内。 D. 观测菌袋标准不认真，记录不准确，不能够根据棚室特点适当管理，无可操作性强。姬松茸产量低于平均20%以上。

项目十四　羊肚菌生产技术

任务一　羊肚菌生产基础

【知识目标】
1. 了解羊肚菌发展概况。
2. 明确羊肚菌生产特点。
3. 掌握羊肚菌生活条件。

【技能目标】
熟练掌握羊肚菌生活条件指标及调控。

羊肚菌，俗称羊肚菜、羊肚蘑、狼肚等，属于子囊菌门、盘菌纲、盘菌目、羊肚菌科、羊肚菌属。这种食用菌全球分布广泛，自然生长在林地草丛中。随着科技进步，羊肚菌已成功实现人工栽培，品种多样，如梯棱羊肚菌、六妹羊肚菌、尖顶羊肚菌等。

羊肚菌以营养丰富著称，含有多糖、氨基酸、维生素和钙、锌、铁等矿物质。其肉质脆嫩，味道鲜美，具有调节免疫力、抗疲劳、抑制肿瘤、抗菌、抗病毒、降血脂、抗氧化等功效。此外，羊肚菌还含有特殊香味物质，可用作调味品和食品添加剂。

近年来，羊肚菌栽培面积增长，但面临多个问题。在基础研究中，其遗传、生理研究尚不足，需进一步探索。实际生产中，菌种种性模糊、栽培技术不成熟、产量不稳定等问题仍突出。

一、形态特征

（一）菌丝体

羊肚菌在 PDA 培养基上菌落颜色逐渐从白色变为浅棕色至棕黄色。其菌丝呈分枝状，有明显细胞间隔膜和单孔隔膜，且频繁融合。播种后 7 天，土层表面和缝隙出现大量白色无性孢子层，称为"菌霜"。羊肚菌通过菌丝交织形成菌核，储存营养并抵御不良环境。

（二）子实体

羊肚菌的子囊果形状多样，有圆锥形和宽圆锥形，偶尔还有卵圆形。脊表面光滑或有轻微绒毛，颜色从苍白到深灰，成熟后变为深灰棕至近黑。幼嫩时脊呈钝网状，成熟后变得锐利或侵蚀状。凹坑竖直延展，光滑或有轻微绒毛，老化后开裂，颜色从灰色到深灰，最终变为棕灰、橄榄色或棕黄。菌柄基部为棒状或近棒状，表面光滑或有白色粉状颗粒，成熟过程中发育纵向脊和腔室。

二、生长发育条件

（一）营养条件

羊肚菌的生态类型尚不完全明确，但栽培量大的梯棱羊肚菌被认为是腐生型。在栽培羊肚菌时，常用的碳源有葡萄糖、蔗糖、乳糖等，而常用的氮源有酵母粉、蛋白胨、玉米粉、麦麸等。此外，羊肚菌也能利用无机氮源如尿素。为了促进菌丝生长，常添加磷酸二氢钾、石膏等矿物质到培养料中。

（二）环境条件

1.温度

羊肚菌属是低温型真菌，菌丝生长最适宜温度为 10～20℃。子实体发育适宜温度为 4～16℃。低温刺激（<4℃）和昼夜温差（>20℃）有助于原基形成，而高温（>20℃）则不利于。子囊果生长范围为 6~25℃，最适宜温度为 8~18℃。

2.水分与空气湿度

羊肚菌属是喜湿型真菌，菌丝期需要 70%~80% 的空气相对湿度，子囊果形成和生长期则需要 85%~90% 的相对湿度。菌丝体生长时，覆土层土壤含水量应保持在 15%~25%；原基形成和子囊果发育时，土壤含水量应维持在 20%~28%。

3.光线

羊肚菌菌丝生长不受光线影响，强光会抑制其生长。微弱散射光有利于原基和子囊果生长。但在子囊果生长阶段，应避免强光直射，因其不利于生长。

4.空气

羊肚菌属是好气性真菌，其正常生长发育需要充足的氧气。菌丝对较高浓度的二氧化碳具有一定耐受性，但较低的二氧化碳浓度有助于子囊果的快速发育。然而，高浓度的二氧化碳会导致子囊果菌柄增长，而菌盖短小。

5.酸碱度

羊肚菌对生长环境的 pH 值要求在 6.5~7.5 的范围内。

实训 31　羊肚菌环境条件调控

一、实训目的

1.掌握羊肚菌环境调控的理论基础。

2.能够进行羊肚菌生产中环境调控措施。

二、实训设备及器件

智慧农业环境控制系统、自记温湿度仪、照度计、气体测试仪、PH 检测仪、记录表。

三、实训地点

食用菌栽培室，生产示范基地。

四、实训步骤及要求

1.环境监测

观测食用菌栽培室、示范基地内温度、湿度、光照、二氧化碳浓度及培养基中 PH 数值，并根据要求记录。

2.数据整理

观测记录的数据进行整理。

3.数据对比

将记录整理的数据与智慧农业环境控制系统中数据进行比较,判定记录准确性。

4.根据数据结果,给出当前条件下,应如何进行环境调控。

五、实训分析与总结

羊肚菌的生育环境条件至关重要,要明晰各阶段对环境条件的要求,并能够进行合理的调控管理。

【评分标准】

考核内容要求	考核标准(合格等级)
1.观测、记录态度认真 2.准确给出调控措施	A.观测仪器指标认真,记录准确,能够与智慧系统无差异,做出的调控措施合理,可操作性强。 B.观测仪器指标较认真,记录较准确,能够与智慧系统差异小,做出的调控措施较合理,能够进行操作。 C.观测仪器指标不认真,记录缺乏准确性,与智慧系统差异大,做出的调控措施一般,可操作性一般。 D.观测仪器指标不认真,记录不准确,与智慧系统差异明显,做出的调控措施不合理,无可操作性。

任务二 羊肚菌生产技术

【知识目标】

1.掌握羊肚菌生产栽培料处理方法。

2.掌握羊肚菌生产管理技术。

【技能目标】

能够熟练掌握羊肚菌生产管理技术。

一、栽培季节

羊肚菌是低温型真菌,适合在春季地温 4~8℃时出菇,最佳温度为 6~

12℃。高于20℃则不适合出菇。因此,应根据当地气候,在环境温度低于20℃时播种。

二、场地选择

羊肚菌栽培方式分大田和设施两种。条件允许下,推荐设施栽培。用于栽培其他食用菌的大棚设施,适用于羊肚菌栽培。

三、菌种制作

羊肚菌播种方法是将菌种直接播入土壤。菌种质量对羊肚菌生产至关重要,需保证菌龄适宜、生命力旺盛、纯度高且无污染。播种前65~75天应制备菌种。制备时,必须严格遵循规程选择合适的培养基。通常,母种在PDA固体培养基上,接种后在22~25℃的避光环境下培养3~4天。

原种与栽培种的培养料配方相同,常用配方如下:

	小麦粒	玉米芯	杂木屑	稻谷壳	腐殖质土	生石灰	石膏	含水量
1	72.5%		20%	5%		1.5%	1%	60%~65%
2	50%		37%		10%	1.5%	1.5%	60%~65%
3	40%		20%	27%	10%	1.5%	1.5%	60%~65%
4	42%	40%			15%	1.5%	1.5%	60%~65%

图 14-1　培养料配方

麦粒需要经过浸泡处理。培养料的准备包括充分混匀、加水搅拌,保持适宜的含水量。装袋后进行灭菌,接种后放入培养室,控制温湿度、提供光照并保持空气新鲜。优质菌种的特征包括菌丝初期洁白、浓密,培养料表面呈黄褐色、褐色、紫褐色,有明显的羊肚菌菌丝香气,无异味和杂色斑。

四、整地做畦

在播种前的一个月,进行翻耕并撒播100 kg的生石灰,以调整土壤pH值并清除杂菌和害虫。随后,整理地面,形成宽1.0~1.4m的地畦,畦间挖沟以便排水，并将挖出的土用于播种后的覆土。对于大田栽培，需在场地整理后搭建遮荫棚，覆盖遮阳网，为作物提供适宜的生长环境。

五、播种

在秋季气温降至20℃以下时进行播种，使用每亩150～225kg的培养好的栽培种。撒播后覆土3～5cm，浇透水，通常可将畦间沟灌满水。最后，在土壤表层覆盖黑色地膜以保湿和遮光。若进行阴棚栽培，可选择覆盖白色地膜。

六、发菌管理

在发菌期间，需要维持温度在10～20℃，空气相对湿度在70%～80%的条件下。提供黑暗环境和良好通风，以促进羊肚菌菌丝的健壮生长。随着时间的推移，羊肚菌菌丝将逐渐长满整个畦面，形成独特的"菌霜"。

七、补充营养

播种后7天左右，羊肚菌形成独特的"菌霜"景象。在14～20天内，特别是在白色"菌霜"产生的7～14天内，是羊肚菌生产的关键时期。为了获得高产，必须在此阶段添加外源营养袋进行营养补充，其配方与原种和栽培种培养料基本相同。

采用常规熟料制作外源营养袋，每亩地约1800个[15cm×（24～35）cm×0.004cm]的标准尺寸。在灭菌后，对外源营养袋进行侧边划口，并平铺在畦面"菌霜"上，划口侧与地面接触。在补充外源营养的过程中，保持每亩地的空气相对湿度在65%～80%之间，以防止菌丝失水。大约一个月后，羊肚菌菌丝将长满外源营养袋培养料，地面菌丝颜色由白色转变为土黄色，表明营养逐渐转移到土壤中的菌丝体或菌核。此时气温通常降至8℃以下，标志着转入低温保育阶段。

八、出菇管理

在春季地温回升至 4~8℃、昼夜温差大于 10℃时，进行催菇。调整适宜的空气相对湿度和土壤含水量，同时给予散射光照，促使原基的发生。在原基形成后，必须保持适宜的温度、湿度和散射光照，避免强光直接照射原基或幼菇表面，以防畸形菇的产生。在羊肚菌子囊果生长期间，维持温度在 8~18℃，空气相对湿度在 85%~90%，并进行散射光照和经常通风，以确保羊肚菌子囊果的健壮生长。

九、采收与干制

（一）采收

羊肚菌子囊果长至 10~15 cm，菌盖表面脊和凹坑明显，颜色由褐色变浅为黄褐色或金黄色时，是采收的时机。采收时，一手捏住菌柄基部，另一手用小刀从基部近土层表面切下，削去附带的土壤和杂物，确保质量。将羊肚菌放入干净容器储存。

（二）干制

羊肚菌采收后需及时晾晒或烘干。初始温度应为 30~35℃，通风排出湿空气，防收缩或褐变。菇体稳定后，升温至 45~50℃，保持 2~3 小时至干燥。干品回潮后，装加厚塑料袋密封保存，保持质量和保存期。

实训 32　羊肚菌生产技术管理

一、实训目的

1.掌握羊肚菌生产方法。

2.能够进行羊肚菌生产管理。

二、实训设备及器件

试验用大棚、羊肚菌栽培种、营养料包、喷水设施、羊肚菌采收用具、记录表。

三、实训地点

生产示范基地。

四、实训步骤及要求

1.羊肚菌优质菌种判定

按设计要求进行羊肚菌优质菌种判定,并根据要求记录。

2.进行姬松茸播种、出菇处理

通过参与羊肚菌播种、出菇管理,掌握标准及操作技巧。

3.出菇管理

根据环境条件控制标准,对羊肚菌进行管理,包括出菇温度、干湿管理、棚室管理及适时采收等。

4.根据数据、管理结果,给出评判。

五、实训分析与总结

羊肚菌生产要素调控,并能够进行合理的出菇管理。

【评分标准】

考核内容要求	考核标准(合格等级)
1. 观测、记录态度认真 2. 准确进行出菇管理	A. 观测菌袋标准认真,记录准确,能够根据棚室特点适当管理,可操作性强。羊肚菌产量超过平均产量20%以上。 B. 观测菌袋标准较认真,记录较准确,基本能够根据棚室特点适当管理,可操作性较强。羊肚菌产量与平均产量持平。 C. 观测菌袋标准一般认真,记录大致准确,未能根据棚室特点适当管理,可操作性一般。羊肚菌产量低于平均20%以内。 D. 观测菌袋标准不认真,记录不准确,不能够根据棚室特点适当管理,无可操作性强。羊肚菌产量低于平均20%以上。

项目十五　灵芝生产技术

任务一　灵芝生产基础

【知识目标】
1.了解灵芝发展概况。
2.明确灵芝生产特点。
3.掌握灵芝生活条件。

【技能目标】
熟练掌握灵芝生活条件指标及调控。

灵芝[Ganoderma lucidum（Curtis）P.Karst.]，是一种珍贵的担子菌门真菌。在悠久的历史长河中，它以灵芝草、神芝、万年覃等名字被广大人民所熟知。属担子菌门、层菌纲、非褶菌目、灵芝科、灵芝属。

灵芝因其独特的野生形态，类似"如意"，被视为传统文化中的好运和福气象征。自古，我国人民便积极采集和利用灵芝，流传着其为"仙药""仙草"的治病传说。学术研究证实其药用和营养价值，现代医学则深入研究了其生物活性成分，为人类健康带来新希望。

灵芝分布广泛，覆盖我国多个地区，从海南到黑龙江，从山东半岛到西藏和新疆。在适宜条件下，其生长周期固定，每年两次，主要在春季5～6月和秋季8～10月。人工采集时，人们常在山林阴坡寻找，因为这些地方有利于灵芝生长。

灵芝，被誉为"神草"，在医药宝库中占有重要地位。历史医籍记载其具有多重功效，如益心气、安神补肝等。现代医学研究证实，灵芝在滋补强壮、抗衰防老方面效果显著，对多种疾病如慢性支气管炎、冠心病等均有独特疗效。同时，灵芝还有养生美容、延年益寿的功效。其有效成分是有机锗，尤其是红芝，其含量是人参的3～6倍。有机锗能促进血液循环、新陈代谢，延缓衰老，强化免疫系统。灵芝孢子粉还有良好的止血收敛作用。近年来，红芝制成的药用剂型已广泛应用于国内外，成为高效保健药品。

一、形态特征

（一）菌丝体

在PDA培养基中，灵芝菌丝呈现纯净白色绒毛状。显微镜下，菌丝透明如管状，具有横隔和锁状联合特征，表面覆盖白色结晶物质。随着菌丝生长，结晶物质增厚，分布于菌丝体间。经化学分析，结晶物质为草酸钙晶体。老化灵芝菌丝在接种块周围变为黄色。

（二）子实体

灵芝子实体为食药用部分，药用价值高。成熟后表面木栓化，颜色因品种而异。野生灵芝表面有漆光泽，人工栽培的则覆盖锈色孢子。菌盖肾形或圆形，直径3～5cm×15～18cm，厚0.5～3cm，初乳白，成熟橙红或褐色，有环状棱纹和辐射皱纹，皮壳漆样光泽，边缘薄或平截。菌肉淡木色，菌管长约1cm，淡白至褐色。菌柄侧生或偏生，不规则圆柱形，颜色与菌盖同。孢子淡褐至黄褐，卵形，双层壁，大小为（9～12）μm×（45～75）μm。

二、生长发育条件

（一）营养条件

灵芝，部分可寄生生长，如松杉灵芝寄生铁杉致心腐病，槟榔灵芝则致减产或死亡。栽培时，可利用棉籽壳、木屑、玉米芯等富含木质素、纤维素的食物,并通过分泌胞外酶将高分子碳物降解为小分子糖吸收。需添加麦麸、米糠等氮源,并补充钾、钙、镁、磷等矿物质元素。菌丝生长期适宜的碳氮比为22∶1,子实体生长期则为30～40∶1。

(二) 环境条件

1. 温度

灵芝是一种中高温型食用菌,对温度敏感。其菌丝生长适宜温度为25～28 ℃,低于15 ℃或高于33 ℃会受到抑制,7 ℃以下几乎无法生长。灵芝为恒温结实性菇类,子实体形成不需温差刺激。在适宜温度下,灵芝子实体质地紧密,子实层发达,担孢子弹射量最多,商品性好。

2. 水分和空气相对湿度

灵芝菌丝生长需60%左右的水分,空气湿度70%以下。子实体生长期需90%左右的湿度。湿度低于60%时,子实体生长缓慢或停止;超过95%则易滋生霉菌,导致污染和栽培失败。

3. 空气

灵芝是好氧真菌,生长期需保持空气新鲜。菌丝生长期二氧化碳1%～3%促进生长;子实体生长期,二氧化碳超0.3%原基停形成;开片时,二氧化碳超0.1%畸形芝。全过程中环境需保持新鲜。

4. 光线

灵芝菌丝在暗环境下生长最佳,光照对其生长有抑制作用。灵芝子实体对光照有特定需求,缺少散射光刺激会导致原基形成堆状体。在灵芝开片阶段,需更强的散射光,光照低于2 000 lx易导致畸形芝。同时,灵芝具有明显的趋光性,光源不稳定或变化容易导致菌盖畸形。

5. 酸碱度

灵芝菌丝适宜在中性偏酸的环境中生长,在pH值为3～7.5的条件下能够正常发育。其中,最适宜的pH值范围为5.5～6.5。

实训33 灵芝环境条件调控

一、实训目的

1. 了解灵芝的基本生态特性与生长环境要求。

2.掌握调控灵芝生长环境的基本原理与技术。

二、实训设备及器件

灵芝培养箱、灵芝培养基、湿度计、温度计、PH 计、光照灯、实验记录表。

三、实训地点

食用菌栽培室，生产示范基地。

四、实训步骤及要求

1.准备工作：①准备培养箱，设置合适的温湿度条件。②配制灵芝培养基，确保其符合灵芝生长的要求。③检查并校准实验设备，确保其正常运行。

2.灵芝接种与培养：①进行灵芝种子的接种。②将接种好的灵芝种子放入培养箱，开始培养过程。③定期监测温湿度、光照条件，并进行相应的调整。

3.实验数据记录：①记录每天的温湿度变化。②记录灵芝的生长情况，包括颜色、大小、形状等。③定期检测培养基的 pH 值。

五、实训分析与总结

通过实训，学生将深入了解灵芝生长的环境条件对其产量和质量的影响。同时，通过数据分析和总结，学生将提高对实验结果的解读和实验设计的能力。

【评分标准】

考核内容要求	考核标准（合格等级）
1.观测、记录态度认真 2.准确给出调控措施	A.观测仪器指标认真，记录准确，能够与智慧系统无差异，做出的调控措施合理，可操作性强。 B.观测仪器指标较认真，记录较准确，能够与智慧系统差异小，做出的调控措施较合理，能够进行操作。 C.观测仪器指标不认真，记录缺乏准确性，与智慧系统差异大，做出的调控措施一般，可操作性一般。 D.观测仪器指标不认真，记录不准确，与智慧系统差异明显，做出的调控措施不合理，无可操作性。

任务二 灵芝生产技术

【知识目标】
1.掌握灵芝生产栽培料处理方法。
2.掌握灵芝生产管理技术。

【技能目标】
能够熟练掌握灵芝生产管理技术。

一、栽培季节及生长周期

（一）段木栽培季节及生长周期

段木栽培的灵芝在每年的 1~3 月进行，由于其生长周期较长，需要经过 4~5 月的时间才能收获灵芝。

（二）袋料栽培季节及生长周期

春季袋料栽培在 1~2 月生产菌种，2~3 月接种。灵芝袋料栽培周期 80~90 天，较段木栽培短。栽培季节对灵芝产量质量关键，适宜时单体重、菌盖大、菌肉厚、品质好；不当则产量降，品质差。

二、袋料栽培技术

袋料栽培优势明显，周期短、转化率高，商品性状佳。当前灵芝生产主流为袋料栽培。

（一）培养料配方

具体配方见图 15-1。

	阔叶树木屑	麸皮（或米糠）	石膏粉	蔗糖	棉籽壳	麦麸	甘蔗渣	玉米芯	草木灰	水
1	78%	20%	1%	1%						适量
2			1%		84%	15%				适量
3	60%		2%				38%			适量
4	40%	18%	1%	1%	40%					适量
5	30%	7%	2%	1%	60%					适量
6		22%	2%					75%	1%	适量
7	35%	15%						50%		适量

图 15-1　袋料栽培培养料配方

（二）培养料处理

在选择培养料配方时，应注重适宜性，确保原料的混合均匀。拌料过程中，要将含水量控制在 60%～65% 的范围内。在拌好料后，可以通过手握少量培养料的方法来检验含水量的适宜性。如果用力紧握后有水渗出，但不下滴，则表明含水量适宜，符合要求。

（三）装袋

使用规格为（15～17）cm×（33～35）cm×0.004 cm 的低压高密度聚乙烯袋。每袋应装入约 0.75 kg 的干料。在装料时，应确保袋内物料松紧适中，稍微压平后，于物料中央打孔。最后，用细绳将袋口扎成活口，以确保封口牢固。

（四）灭菌

确保料袋在装好后，立即进行灭菌处理。一般来说，在常压条件下，保持温度在 100 ℃，并持续 12 小时以上，能实现有效灭菌。

（五）接种

在完成灭菌后，当袋温降低至 30℃ 以下时，必须在接种箱或接种室内，依据无菌操作规程，对两端进行规范接种。

（六）发菌期管理

接菌后的袋子应立即送至培养室，搬运时轻拿轻放。到达后，平放在培养架或地面上，根据气温合理摆放。培养期间，保持温度在25至28 ℃，湿度低于70%，避免光照，保持空气流通。每隔7天翻动菌袋，检查并处理感染袋子。菌丝生长至三分之一时，降低室温至25 ℃以下，促进健壮生长。约30天后，菌丝长满全袋，完成培养。

（七）出芝期管理

当菌丝覆盖袋体，袋子有弹性，两端出现黄色水珠时，应立刻运至出芝棚。单头出芝的袋子应竖直整齐排放，洒水时避免积水。双头出芝的袋子应平摆成7～10层的墙状结构。摆放后应立即洒水，提高湿度至90%左右。保持温度25～28℃，提供散射光照，加强通风，保持空气新鲜。10天后，料面应形成乳白色原基。

关于袋口处理的指导方针：发现袋口原基，立即剪除扎口绳。保持环境温度25～28 ℃，湿度约90%。加强散射光照射，保持良好通风，确保空气新鲜。灵芝开片时，增加湿度，继续通风，促进菌盖膨大。二氧化碳浓度超过0.1%，可能形成"鹿角灵芝"形态。

若培养料表面出现较多的蕾，则需进行疏蕾工作，确保每袋仅保留2至3个蕾。这样做是为了集中养分，促使子实体长得更大更厚。另外，也可将培养料袋放置在地面上进行出菇管理，其管理措施与上述相同（如图15-2所示）。

图15-2　袋栽灵芝出芝

在具备足够场地条件的情况下，也可选择进行畦栽。在畦栽过程中，需将薄膜去除，然后将菌种间距控制在 2～3 cm，平放在宽 80～100 cm、深 12～15 cm 的畦内，并在菌种上覆盖 2 cm 厚的砂壤土。

（八）采收

灵芝菌盖停止增厚，边缘与中央颜色一致，呈深褐色，布满锈色粉孢子时，应进行采收。采收时，保持稳定手势，一手按袋，另一手转动菌柄，基部与培养料分离后小心拔出，避免用力过猛影响产量。

（九）干制

灵芝采摘后需去除基部过长部分，平铺于竹帘或席上，强烈日光下自然晒干或烘干。干制后含水量控制在约 13%，约 2.5 至 3 公斤新鲜灵芝可晒制得 1 公斤干灵芝。晒干后迅速装入塑料袋密封保存，避免散堆于仓库。灵芝易受潮发霉或虫害，失去药用价值。存放时间长或连续阴雨天气后，需重新晒干脱水并密封保存。

（十）后潮管理

在成功采收一潮灵芝后，为确保菌丝充分生长并积累养分，需暂停供水 4 至 5 日。待菌丝得到充分培育后，再展开新一轮的出芝管理工作。值得注意的是，袋栽方式下，灵芝可以连续采收两潮。

三、段木栽培技术

灵芝的段木栽培主要有长段木和短段木两种模式。长段木栽培选用适合灵芝生长的树木，截成 0.8～1m 长的段木，通过打孔接种栽培。这种模式一次接种，可连续多年收获灵芝。栽培方法可参考香菇的段木栽培法。实际生产中，短段木栽培更受欢迎。

灵芝短段木栽培是熟料栽培法，短段木灭菌后接种菌种培育。此法菌丝生长快、出芝早、成功率高。自 20 世纪 80 年代推广，已成为主流，取代了长段木栽培。栽培应在 10 月下旬伐木、晾晒、截段，11 月装袋、灭菌、接种。提早制作菌棒，确保早期发菌条件适宜，可提高产量和质量，实现当年收获，缩短出芝年数至 2 年。

（一）树种选择和截段

科学研究和实践验证表明，栎、柞、青冈、桦、椿、械、储、榆、栗、野山桃等树种适合作为灵芝生长的基质，因为它们树干坚硬、韧皮较厚、与木质部结合紧密。在这些树上生长的灵芝生长周期长、产量高、品质优良。为确保最佳生长环境，建议在砍伐后干燥处理，截成 15cm 长的木段，并提前砍伐和截段以适应灵芝生长需求。截段后晾晒 2 至 3 天，至中心出现微小裂痕，含水量控制在 35%～42%之间。

木片法栽培是林业生产主流技术，以阔叶树木枝杈和边料为基质，经济高效。应挑选直径 6～12 cm 的原木，砍伐后 15 天内截成 15 cm 段，用柴刀处理表面。木段劈为四瓣，捆扎后装入塑料袋灭菌，夹入树枝提高资源利用率。此法优势在于良好的通气性和彻底的灭菌效果，促进菌类快速生长，提高栽培成功率。

（二）装袋

关于短段木直径与塑料袋选择，为确保装袋顺利，需精准选择塑料袋规格。推荐使用（20～24）cm×（50～55）cm×（0.004～0.005）cm 的低压高密度聚乙烯袋。装袋前，需处理段木表面，平整尖锐部分以防破损塑料袋。采用捆扎木片法，稳妥装木并扎紧袋口。对于细木屑，需搅拌后填入菌袋底部，再装入捆扎木片并扎紧两端袋口。

（三）灭菌

在完成包装后，必须立即执行灭菌操作。在常压条件下，灭菌过程应在 100 ℃的温度下持续进行至少 24 小时，以杀灭所有可能存在的微生物。

（四）接种

将温度 30 ℃的袋子放入接种室进行接种，由两名工作人员配合操作。一人解开扎口绳,另一人将菌种均匀接种至段木两端,确保全面覆盖。完成后扎紧扎口绳,保持环境密闭。捆扎木片法只在段木一端接种,接种量通常为段木重量的5%至8%,确保菌种充足且不浪费,实现最佳接种效果。

(五)发菌期管理

经过灭菌处理的培养室内,菌袋应整齐排列,高度在1~1.2 m之间,每堆之间保持0.7~0.8 m的间距,确保空气流通。为维持稳定的生长环境,室内温度稳定在25 ℃,湿度控制在70%以下,并保持暗光条件。接种后的第10天,需进行翻堆作业,挑选并重新补种未成功定植的菌袋,同时淘汰受污染的菌袋。随着菌丝生长,后期将室温降至20 ℃,以促进其在木质部粗壮生长。经过2~2.5个月的精心培养,菌丝充满整个段木,此时需适时开启袋口,增加通风量,为菌丝生长提供最佳环境。

(六)覆土

为确保灵芝培育的严谨性和高效性,发满菌丝的菌袋应及时转运至出芝棚。在棚内,构建若干条宽度介于0.8~1 m的畦。选择气温稳定在15 ℃的晴朗天气,从菌袋中取出短段木,竖直排列在畦内,间距8~10 cm。然后覆盖沙质湿土,表面加1 cm厚的稻草或麦秸,防止喷水时泥土溅落。另一种方法是割除菌袋下端1/3的塑料袋,同样竖直排列,顶端露出0.5 cm。覆土后第七天,菌丝恢复生长。若采用菌袋法,此时可剪口,从扎绳处剪下袋口,保留折痕,避免完全剪去,减少水分蒸发,有利于产出高品质灵芝。

(七)出芝期管理

种植过程中,需及时喷雾洒水,保持土壤湿润。棚顶的遮阴措施很重要,确保了散射光照适宜。棚内洒水维持空气湿度90%,温度控制在25~28 ℃。7~10天后,段木上端出现乳白色瘤状原基,10~15天内原基分化。子实体膨大期需维持25 ℃温度和90%湿度,加强通风换气,确保空气新鲜。这些措施促进灵芝生长和发育(如图15-3)。

图 15-3　短段木灵芝出菇

灵芝培养中，若原基分化出多个芝柄或菌棒上有 2 个以上原基形成芝柄，应疏芝，每棒保留一个健壮芝芽。未出芝的芝棒可用疏去的芝芽嫁接，削成楔形后插入菌木顶部的菌丝层，轻压固定。生长过快的芝柄可剪去多余部分，保留 3～5 cm 长，进行嫁接。随着芝盖生长，间距缩小，若相邻灵芝过近，可用小树枝撑开菌柄，减少粘连，培育单柄优质灵芝。

在完成杂草清除、疏芝及嫁接等工序后，需在畦床上铺设地膜。若畦床泥土干燥发白且土壤含水量低于 19%，需先灌溉。水分渗透后，在地膜上打孔并覆盖于畦床。第一潮灵芝采收后，揭去地膜收集孢子粉，再重新覆盖。地膜铺设有助于保持土壤湿度、防止水分蒸发，并抵御病虫害和杂草，确保灵芝健康生长。同时，避免泥土溅附于灵芝，维护其洁净。此外，地膜铺设方便孢子粉收集，提高种植效率和质量。

（八）采收

灵芝生长至菌盖停止增厚，边缘与中心颜色一致，色泽深褐，触感坚硬时，应进行采收。使用专业果树剪，自芝盖下方 3cm 处剪断，保留菌柄以促进第二潮灵芝再生。采收时避免直接手握菌盖，以防孢子粉附着导致色泽不均，影响品质。留柄剪芝法可使第二潮灵芝利用头潮灵芝菌柄迅速生长，减少潮次间隔，缩短生产周期。采收二潮灵芝并准备过冬时，应改用手握住菌柄基部轻轻摘下。

（九）干制

灵芝采收后需迅速转运至干燥室，用烘干机烘干至含水量约12%。此过程可保持灵芝香气、形状和颜色，提升市场等级和保存期。无烘干机条件可选择自然晒干，密封装袋后定期复晒。菌盖若沾泥土，应用刷子轻刷，避免用水冲洗。

（十）采后管理

若采收孢子粉，一年只收一潮灵芝，每菌棒可采 15～20 g 孢子粉和 30～35 g 干品。不采孢子粉则可收两潮。第一潮后，用塑料膜覆盖段木，让菌丝生长 2～3 d，然后洒水增湿。5～7 d 后第二潮原基出现，25～30 d 后可采收。采完第二潮后，天气转凉，做好段木越冬工作。不完全覆土出芝的，去掉老菌皮，用稻草和沙土覆盖，保温防冻。第二年春天气温回升到 20 ℃ 左右时，清除覆盖物，灌水提高湿度，5 月原基开始形成，6 月可采收。短段木栽培可连续收获 2～3 年。

实训 34　灵芝孢子粉生产技术管理

一、实训目的

1.培养灵芝孢子粉生产技术的管理能力

2.了解灵芝孢子粉的生产过程、设备操作，掌握实际的技术管理技能

二、实训设备及器件

试验用大棚、灵芝培养基、发酵罐、滤液分离器、真空浓缩器、真空干燥器、粉碎机、筛分设备、包装设备、实验室检测设备（如显微镜、生物反应器等）、记录表。

三、实训地点

栽培实验室、生产示范基地。

四、实训步骤及要求

1.灵芝发酵过程：①准备发酵罐及发酵基质。②添加灵芝菌种，控制适宜的温湿度条件进行发酵。③监测发酵过程中的关键指标，如 pH 值、发酵液的

溶解氧浓度等。

2.灵芝孢子分离：①采用离心机等设备将发酵液中的灵芝孢子分离出来。②进行分离后的灵芝孢子的质量检测，确保分离效果。

3.孢子粉干燥：①将分离得到的灵芝孢子放入喷雾干燥机中进行干燥。②控制干燥温度、时间，确保孢子粉质量和活性。

4.质量检测与分析：①使用检测仪器对孢子粉的质量、营养成分进行全面检测。②分析检测结果，并给予评价。

五、实训分析与总结

通过本次实训，深入了解了灵芝孢子粉生产的全过程，掌握相关生产技术及管理方法。实训中，不仅能够提高操作技能，还培养了对生产过程的整体把控能力。

【评分标准】

考核内容要求	考核标准（合格等级）
1.菌包处理、记录态度认真 2.收粉方法得当，产量高、破壁率达到标准	A.菌包处理认真，记录准确，孢子粉收集按灵芝特点进行，可操作性强。灵芝孢子粉产量超过平均20%，破壁率99%。 B.菌包处理较认真，记录较准确，孢子粉收集基本按灵芝特点进行，可操作性较强。灵芝孢子粉产量与平均持平，破壁率97%。 C.菌包处理一般认真，记录大致准确，孢子粉收集基本按灵芝特点进行，可操作性一般。灵芝孢子粉产量低于平均20%以内，破壁率95%。 D.菌包处理不认真，记录不准确，孢子粉收集不按灵芝特点进行，可操作性不强。灵芝孢子粉产量低于平均20%以上，破壁率90%。

灵芝孢子粉生产技术管理详细视频讲解见资源15-1。

资源15-1

项目十六　蛹虫草生产技术

任务一　蛹虫草生产基础

【知识目标】
1.了解蛹虫草发展概况。
2.明确蛹虫草生产特点。
3.掌握蛹虫草生活条件。

【技能目标】
熟练掌握蛹虫草生活条件指标及调控。

蛹虫草[Cordyceps militaris（L.）Link]，亦称为北冬虫夏草、北虫草或蛹草，是子囊菌亚门、核菌纲、麦角菌目、麦角菌科、虫草属的一种真菌。蛹虫草的产地分布广泛，遍及我国多个省份，在我国辽宁、吉林、河北、河南、陕西、安徽、广西、云南、湖北、广东、四川、贵州以及福建等地均有自然分布。这些地区的地理和气候条件为蛹虫草的生长提供了适宜的环境。

蛹虫草药用价值较高。据《全国中草药汇编》所录，蛹虫草（又称北虫草）的子实体及虫体均可作为冬虫夏草的替代品入药。其全草入药，具有独特的滋补作用，药性平和，口感甘甜。经研究，蛹虫草能有效缓解疲劳、延缓衰老，对增强人体免疫功能和性功能具有积极作用。同时，它还具有补充肺气、滋补肾气、强壮阳气的效果，在虚损病症的调养、精气神的提升、止血、化痰、镇静以及免疫增强等方面均显示出显著疗效。

一、形态特征

（一）菌丝体

蛹虫草菌丝在土豆、葡萄糖、蛋白藤、琼脂等培养基上生长迅速，7天左右可覆盖斜面培养基表面。菌丝体色泽洁白，紧密贴合，易形成菌被。在无光环境下，可产生气生菌丝，具有分隔或无分隔特点。

（二）子实体

蛹虫草是一种特殊的寄生生物，生长在昆虫蛹体上，由蛹虫草菌形成。尽管外形类似蛹体上生长的草，但它实际上是蛹虫草菌与虫蛹的结合体。从昆虫体长出的部分，称之为子座，它可以从蛹体的不同部位伸出，有时单独生长，有时则丛生2～5根。子座头部形状各异，可以是棒形、叶状或是上细下粗形，呈现出橙黄色，并且具备生殖能力。子座的长度和粗细分别为3～10 cm和2～9 mm。在其上生长着近圆锥形的子囊壳，表面布满了小疣，这些小疣实际上是子囊壳的开口部分，大约3/5的部分嵌入子座组织中。子囊壳的外露部分呈棕褐色，当成熟时，会从壳口喷出白色胶质的孢子角或小块。在显微镜下观察，子囊壳的大小约为（500～1098）μm×（132～264）μm。每个子囊壳内含有多个子囊，而每个子囊内又排列着8枚线形的子囊孢子。当子囊孢子成熟后，它们会沿着子囊孢子壁横裂并分离，形成分生孢子。这些孢子无色或略带淡黄色，表面有刺状突起。在蛹虫草子座与蛹体的连接处，被白色菌丝缠绕，形成了菌束状的结构。蛹虫草与冬虫夏草都是虫草真菌，都为虫草属，但在形态、生态条件、化学成分等方面有很大差异。两者在形态上也有很大区别。

二、生长发育条件

（一）营养条件

在人工培育下，蛹虫草菌丝体对多种碳源有广泛适应性，最佳碳源为甘露醇、葡萄糖和麦芽糖，而可溶性淀粉和乳糖较差。对于氮源，DL-天冬氨酸和柠檬酸铵最优，硝酸钙和硝酸铵不理想。此外，需补充微量元素和维生素等必需营养物质。使用大米等天然材料作为培养基可有效培养蛹虫草子座。适量添加维生素可显著刺激其生长活性，提高生物量。推荐碳氮比为3.5∶1以确保最佳生长状态。

（二）环境条件

1.温度

蛹虫草是一种偏低温变温结实性的菌类，其生长温度需求特定。弹射孢子最适宜的温度为28～32 ℃。在5～30 ℃的温度区间内，菌丝体可生长，但最佳温度为18～23 ℃。低于10℃时，菌丝体生长受限；超过30 ℃时，菌丝体停止生长，可能死亡。子座形成和生长适宜温度为10～25 ℃，最佳温度为20～23 ℃。原基分化过程需要8～10 ℃温差刺激。

2.水分和空气相对湿度

菌丝生长阶段，培养料含水量应控制在60%～65%，空气相对湿度保持65%～70%。子实体分化和发育阶段，湿度要求更严，需维持在85%～90%。过高湿度，特别是在子座形成初期，会导致气生菌丝生长过于旺盛，阻碍原基分化。过低湿度，低于70%，则会导致水分供应不足，无法形成子座。

3.空气

在菌丝生长与子实体分化发育的过程中，均对通风条件有着严格的要求。特别是在子座发生期，通风换气的重要性更是凸显无疑。

4.光线

菌丝生长无需光照，而原基分化需适度散射光以促进子座形成。黑暗环境无法形成子座。连续光照下，菌丝生长受影响，原基数量少，导致产量不足。室内每天 12 小时、100~200 kx 自然光照,菌丝正常生长并形成子座。光照均匀性对子实体发育至关重要,不均可能导致形态扭曲或偏向。

5.酸碱度

在 pH 值 5~8 的范围内,蛹虫草菌丝可以生长并形成子座,但最适宜的 pH 值是 5.4 至 6.8。为确保最佳生长条件,应严格控制并维持此 pH 值范围。

实训 35 蛹虫草环境条件调控

一、实训目的

1.了解蛹虫草生长的关键环境参数。

2.掌握环境调控技术。

二、实训设备及器件

智慧农业环境控制系统、培养箱、空气净化设备、pH 和湿度检测仪器、PH 检测仪、灯光设备、记录表。

三、实训地点

食用菌栽培室,生产示范基地。

四、实训步骤及要求

1.温度调控:①根据蛹虫草生长的不同阶段,调节恒温培养箱的温度,确保在适宜的温度范围内生长。②监测并记录温度变化,根据需要进行调整。

2.湿度调控:①使用加湿器等设备保持蛹虫草生长环境的适宜湿度,一般为 60%~80%。②定期检查环境湿度,根据实际情况进行调整。

3.光照调控:①根据蛹虫草生长需求,提供适宜的光照条件,通常为光照强度在 3000~10000 kx 之间。②根据生长阶段和光照需求,调整植物生长灯的使用时间和光照强度。

4.通风调控:①使用通风扇等设备保持蛹虫草生长环境的氧气充足,促进气体交换和养分吸收。②根据气温和湿度等情况,调整通风设备的工作时间和风速。

5.数据分析与评价。

五、实训分析与总结

深入了解蛹虫草生长环境条件的重要性,掌握调控环境条件的方法和技巧。

【评分标准】

考核内容要求	考核标准（合格等级）
1. 观测、记录态度认真 2. 准确给出调控措施	A. 观测仪器指标认真，记录准确，能够与智慧系统无差异，做出的调控措施合理，可操作性强。 B. 观测仪器指标较认真，记录较准确，能够与智慧系统差异小，做出的调控措施较合理，能够进行操作。 C. 观测仪器指标不认真，记录缺乏准确性，与智慧系统差异大，做出的调控措施一般，可操作性一般。 D. 观测仪器指标不认真，记录不准确，与智慧系统差异明显，做出的调控措施不合理，无可操作性。

任务二　蛹虫草生产技术

【知识目标】

1.掌握蛹虫草生产栽培料处理方法。

2.掌握蛹虫草生产管理技术。

【技能目标】

能够熟练掌握蛹虫草生产管理技术。

一、菌种制作

蛹虫草菌种若长期采用无性繁殖及频繁转管，其种性易发生变异，具体表现为子实体形态异常、产量显著降低。为确保菌种遗传特性的稳定与优良，生产中应定期对蛹虫草菌种进行有性繁殖，并通过科学选育，挑选出那些菌丝生长强健、菌龄适中、纯净无杂菌污染、色泽正常、转色迅速、出草整齐且产量高的优质菌种。这些菌种还应具备易形成子座、早熟等特性，以全面提升蛹虫草的生产效益和产品质量。

（一）母种分离

选择优质的蛹虫草子实体，使用毛笔蘸取适量清水，细致擦洗其表面。随后，运用75%的酒精对子实体进行3至5分钟的表面消毒处理。完成消毒后，用无菌水彻底清洗干净，并将其置于盛有经过灭菌处理的PDA培养基的三角瓶上方，确保悬空状态。在维持28～32 ℃的恒温条件下，静置培养。当培养基表面出现星芒状虫草菌落时，需在严格控制的接种箱内，精确挑取单个或多个菌落，转移至斜面培养基上进行进一步培养。待虫草菌丝生长至适宜程度后，需进行提纯操作。通过提纯处理，得到优质的母种。

在母种选育工作中，可运用组织分离法进行操作。首先，确保选取的蛹虫草处于新鲜状态，并对其进行严格的表面消毒处理。接着，沿纵向方向小心撕开其子座。在无菌环境下，使用消毒后的解剖刀，精准地从子座基部中心切取3 mm×1 mm的白色菌肉组织。随后，将这块菌肉组织接种至含有50 μg/mL链霉素的加富培养基——PDA培养基试管斜面上。将试管放入恒温箱中，并设定温度为20 ℃，进行为期约10天的培养。在此期间，菌丝将逐渐覆盖整个斜面，形成纯白色、粗壮浓密、紧贴培养基生长、边缘清晰的菌落。随着培养时间的推移，菌丝将分泌出浅黄色色素，标志着培养过程的成功完成。

（二）菌种检验

为确保菌种的质量和可靠性，无论是分离的母种还是外购的母种，都必须经过严格的检验流程。将母种进行扩大培养后接种在特制的大米培养基上。在恒温环境下，即23～25 ℃的条件下，培养周期需持续20～30天，期间需密切观察其生长状况。只有当母种经过培养后，确认无杂菌污染，表现出纯净状态时，方可继续培养。继续培养1个月后，若成功培养出橙红色的子座，这标志着菌种的高纯度与可靠性，此时方可进行扩大培养并应用于实际生产之中。

（三）原种和栽培种制作

1.固体菌种

固体菌种常用培着基如图 16-1 所示：

```
固体菌种常用培着基

    米饭培养基
（将大米用水浸泡24 h，捞出后放在锅内煮30 min。）

大米50g，磷酸二氢钾0.05g，葡萄糖10g，
    维生素B₁ 0.5g，水50mL

大米10g，木屑88g，蔗糖1g，石膏1g，米
    汤60mL
```

图 16-1　固体菌种常用培着基

菌种制备需遵循标准流程，采用高压灭菌技术确保无菌环境。接种后，在严格控制的环境条件下，于 23～25℃的恒温、暗光环境中进行培养。经过 20～30 天的精心培育，菌种即可完全覆盖整个培养容器。

2.液体菌种在蛹虫草人工培养中广泛应用，其培养液配方如下。

```
液体菌种培养液配方

玉米粉20g，葡萄糖20g，蛋白胨10g，酵母粉
5g，磷酸二氢钾1g，硫酸镁0.5g，水1000mL，
        pH值为6.5

马铃薯200g，玉米粉30g，葡萄粉20g，蛋白胨
3g，磷酸二氢钾1.5g，硫酸镁0.5g，水
        1000mL，pH值为6.5

葡萄糖10g，蛋白胨10g，蚕蛹粉10g，奶粉
12g，磷酸二氢钾1.5g，水1000mL，pH值为6.5

玉米粉30g，磷酸二氢钾1g，硝酸钠1g，水
        1000mL，pH值为6.5
```

图 16-2　液体菌种培养液配方

采用 500 ml 锥形瓶作为培养容器，每个锥形瓶中装入 100～200 ml 的培养液，并使用棉塞进行封口。随后，在 0.101 pa 的压力下进行灭菌处理，持续 30 分钟。待培养液冷却后，接入母种，每支母种可接种 5 至 6 瓶。接种完成后，静置 24 小时，然后将锥形瓶置于往复式摇床上，以每分钟 120 转的速度、7 至 9 cm 的振幅，在 23 至 25 摄氏度的环境下振荡培养 4 至 6 天，以备后续使用。若需进一步扩大培养规模，接种量应控制在 10%，并在相同条件下继续培养 4 至 6 天。培养完成的液体菌种培养液应呈现深棕色，其中含有大量菌丝球，并散发出浓郁的虫草香味。

（四）制种和栽培时间

蛹虫草子座的最适宜生长温度为 20～23 ℃。基于这一温度条件，应提前一个半月进行播种作业。而为了确保播种的顺利进行，需要再提前一个进行栽培种的制备。在制备栽培种的过程中，必须严格筛选菌种，确保所选菌苔底部呈现鲜黄色，厚薄适中，且基面平整，无明显的白色绒毛状气生菌丝和杂菌污染。若采用液体菌种，其菌龄不得超过 7 天。关于蛹虫草的人工培养，目前主要采用大米、玉米渣、高粱米作为主料进行固体培养，其中瓶栽是主要的栽培方式。此外，也有采用蚕蛹为原料进行畦床栽培的实践。

二、瓶栽技术

（一）培养基配方

	大米	蚕蛹粉	蔗糖	蛋白胨	维生素B	麦麸	玉米粉	尿素	高粱米	磷酸二氢钾	硫酸镁	小米	葡萄糖	酵母粉
1	68.5%	25%	5%	1.5%	微量									
2	56.8%	6%	2%		微量	25%	10%	0.1%			0.1%			
3	52%	2%		0.5%	少量				45%	0.1%	0.4%			
4	100%				少量									
5				1.2%	微量					0.1%	0.2%	95%	3.5%	
6		10%	2%	2%	微量				85%	0.1%	0.1%			0.8%

图 16-3　培养基配方

在培养基的配制过程中,需首先将大米等原料充分浸泡至完全渗透,随后将其与其他成分进行均匀混合。在调整水分含量时,应确保培养基的含水量控制在65%至70%的范围内。此外,为确保培养基的酸碱度适宜,还需将其pH值调整至5.4至6.8的合理区间内。

(二)装瓶与灭菌

在培养容器的选择上,推荐使用罐头瓶作为主要的培养容器。培养基应装至瓶深的1/4至1/3处,并在每个罐头瓶内装入约50g的干料。在封口方面,采用聚丙烯薄膜配合报纸进行双层封口,并用橡皮筋牢固扎紧,以防止培养过程中的任何泄漏和污染。为确保培养基的无菌状态,需进行严格的灭菌处理。在常压条件下,将培养基置于100℃的环境中保持12小时,以达到彻底灭菌的效果。对于高压灭菌,应在0.14 MPa的压力下保持1.5～2小时。

(三)接种

在完成灭菌程序后,待瓶内温度降至30摄氏度以下时,须在严格无菌的条件下,于接种箱内完成接种操作。具体步骤为,从菌种中取出一小块,精准地接种至培养料的中央位置。若使用液体菌种,则每瓶应接入5～10mL的液体菌种,并确保及时紧密封闭瓶口,以防止外界污染。

(四)菌丝发育期管理

为确保罐头瓶内菌种正常生长,一旦接种完成,必须立即将其搬入已消毒的培养室床架上,并置于避光环境中以促进菌丝发育。在此过程中,温度必须严格控制在23～25℃之间,同时保持空气相对湿度在65%左右。若温度偏低,将不利于菌丝的生长,导致生产周期延长;而温度过高,则可能引发菌丝自溶现象。经过一般15～20天的培养,菌丝应能完全覆盖培养料表面。

(五)出草期管理

菌丝体成熟后,色泽由白色逐渐转变为橘黄色。为确保菌体转色和原基形成的顺利进行,需适时调整光照条件。室内光照应适度增强,白天利用自然散射光，保持光照强度在 200 lx 左右。早晚时段，则需使用日光灯补充光照，确保每日光照时间不少于 10 小时。当料面出现凸起，并形成如小米状的原基时，应每日通风 2 至 3 次，每次通风时间 30 分钟，以引入新鲜空气。同时，室内温度应稳定控制在 20 至 23 摄氏度之间，空气相对湿度保持在 85% 至 90% 的范围内。随着子实体的生长，其对空气的需求增加，而水分散发的控制也显得尤为重要。当子实体生长至 1 cm 时，应适度增加空气相对湿度至 90% 至 95%，以减少料内水分的散失。为满足子实体的生长需求，最初应注意适当松动瓶口，随后在封口膜上刺孔，以增大通风透气量。鉴于蛹虫草具有较强的趋光性，子实体形成后，应确保所有培养瓶均匀受光，以促进子座的健壮生长。当子实体长至 3 cm 高时，应去除封口膜，以满足其对氧气的需求。待子实体停止生长，表面形成橘黄色粉状物的粒状子囊壳时，即标志着子座的成熟（如图 16-4）。

图 16-4　蛹虫草出草

（六）采收

蛹虫草子座生长至 5～8cm 高度，形态逐渐转变为棍棒状，其顶端呈现膨大且钝圆的特征，此时子座将停止生长，色泽变得鲜亮，整体呈现橘黄色。当子座顶端出现众多小凸起时，即达到采收标准。从接种至采收，整个过程大约需要40天左右。在采收时，应使用弯头小铲，轻轻铲起子座基部，确保不带培养基。另外，也可使用镊子轻轻夹出子座。

（七）加工

采收后应迅速烘干或自然晒干，完成后用专用线扎成小捆，并用塑料袋密封保存以防潮变。

实训36　蛹虫草生产技术管理

一、实训目的

1.全面了解蛹虫草的生产过程、技术要点及管理方法。
2.提高实际工作中的生产管理能力。

二、实训设备及器件

试验用大棚、恒温培养箱、蛹虫草栽培种、喷水设施、蛹虫草采收用具、记录表。

三、实训地点

栽培实验室、生产示范基地。

四、实训步骤及要求

1.培养环境管理：①调节培养箱温湿度，模拟蛹虫草生长所需的环境条件。②使用植物生长灯提供适宜的光照，保持自然光照周期。③运用通风设备确保新鲜空气流通。

2.虫体培养与草菌接种：①选择健康的宿主虫体，进行科学合理的饲养管理。②熟练使用接种工具进行草菌接种，注意无菌操作。

3.病虫害防控：①定期巡查虫体培养环境，及时发现并处理可能存在的病虫害。②采用生物防治手段，减少对蛹虫草的危害。

4.采收和加工管理：①根据蛹虫草成熟时机进行采收，注意无菌采收技术。②使用清洗机进行初步清洗，将蛹虫草进行干燥和分级。

5.质量控制与检测：①制定蛹虫草的质量标准，包括外观、含量、微生物指标等。②运用检测仪器对产品有效成分进行检测，确保产品质量符合标准。

五、实训分析与总结

全面掌握了蛹虫草生产的关键技术，包括培养环境的合理调控、虫体培养与草菌接种、病虫害的防控、采收和加工管理等方面的操作技能。

【评分标准】

考核内容要求	考核标准（合格等级）
1. 观测、记录态度认真 2. 准确进行出草管理	A. 观测菌种标准认真，记录准确，能够根据棚室特点适当管理，可操作性强。蛹虫草产量超过平均产量20%以上。 B. 观测菌袋标准较认真，记录较准确，基本能够根据棚室特点适当管理，可操作性较强。蛹虫草产量与平均产量持平。 C. 观测菌袋标准一般认真，记录大致准确，未能根据棚室特点适当管理，可操作性一般。蛹虫草产量低于平均20%以内。 D. 观测菌袋标准不认真，记录不准确，不能够根据棚室特点适当管理，无可操作性强。蛹虫草产量低于平均20%以上。

项目十七　桑黄生产技术

任务一　桑黄生产基础

【知识目标】
1. 了解桑黄发展概况。
2. 明确桑黄生产特点。
3. 掌握桑黄生活条件。

【技能目标】
熟练掌握桑黄生活条件指标及调控。

桑黄（Phelinusigniarius），具有药用价值的真菌——桑黄古名桑臣、桑耳、胡孙眼等，其药用历史可追溯至《神农本草经》中的"桑耳"记载。唐初甄权在《药性论》中正式定名为"桑黄"，并论述了其在妇科疾病治疗中的应用。唐朝《新修本草》和明代李时珍的《本草纲目》均详细记载了桑黄的药效，确立了其在中医药学中的重要地位。

桑黄，一种药用真菌，其种类认知长期以来存在争议，这在真菌领域较为罕见。由于黄黑褐色、硬质的大型多孔菌种类繁多，仅凭外观难以鉴别。两千年间，典籍中的桑黄记载包括了真正的桑黄及外观相似的种类。这些种类在历史文献中使用了多种学名，如Phelinusigniarius、Phelinuslinteus等。

然而，近数十年来，经过学者们的深入研究，对于桑黄这类真菌的分类属性已经达成了共识。普遍认为，它们属于担子菌门、伞菌纲、锈革孔菌目、锈革孔菌科的大型多孔菌。目前，对桑黄的研究主要集中在火木针层孔菌

（Phe1inussigniarius）、裂蹄针层孔菌（Phe1inus 1inteus）和鲍氏针层孔菌（Phe1inusbaumii）这三个来源的物种上。

桑黄，被誉为"森林软黄金"，是我国历史悠久的传统中药材。据古籍记载，桑黄味微苦，性寒，可用于治疗多种疾病，如盗汗、血崩、腹痛等。日本著作亦记载桑黄可治疗中风病和腹痛等。同时，桑黄被视为延年益寿的神奇之物，具有多重功效。现代研究表明，桑黄可缓解疼痛、食欲不振等症状，且抗肿瘤效果显著，是抗癌产品的重要原料。

桑黄，中药材的瑰宝，种类繁多，药用成分多样。研究显示，其成分包括多糖、黄酮、三肽化合物、核苷、甾醇、生物碱、呋喃生物、氨基酸多肽、脂肪酸、无机元素等。桑黄类物质丰富，独特于灵芝。其药理学功能繁多，如抑菌、消炎、抗氧化、抗肿瘤、增强免疫、保肝、降血糖、降血脂、抗肺炎等 20 余种。桑黄已应用于多个领域，开发出酒、茶、化妆品、口服液等产品。同时，我国成功研制出多款保健食品，提升了桑黄的经济效益。

一、形态特征

（一）火木针层孔菌

火木针层孔菌，拉丁学名为 Phe1inusigniarius（L.exFr.）0ué1，属担子菌亚门，层菌纲，多孔菌目，多孔菌科。其子实体多年生，中等至较大，木质无柄，侧生，形态多样，色泽由浅肝褐色至黑色。初期表面有绒毛，后变光滑，老熟后龟裂。无皮壳，有同心纹和环棱。边缘锐利或钝形，色泽由深肉桂色至浅咖啡色。菌肉深咖啡色、锈褐色或浅咖啡色，木质坚硬。菌管多层但层次不明显，老年菌管内有白色菌丝。管口锈褐色至酱色，圆形，每 mm4～5 个。孢子卵形至球形，光滑无色，尺寸为（5～6）μm×（3～4）μm。

（二）裂蹄针层孔菌

裂蹄针层孔菌，拉丁学名 Phe1inus1inteus（Berk.et Curt.）Teng，属于担子菌亚门、层菌纲、多孔菌目（非褶菌目）、多孔菌科（刺革菌科）。它属于木层孔菌属及褐层孔菌属。其子实体呈中等至较大形态，多年生硬木质，无柄。菌盖多样，包括扁半球形、马蹄形或不规则形，尺寸在 2～10cm×4～17cm 之间，厚度 1.5～7cm。颜色为深烟色至黑色，有同心纹和环棱，初期有微细绒毛，后变光滑并轻微龟裂。盖缘锐利或纯，色泽稍浅，下侧无子实层。菌肉锈褐色或浅咖啡色，厚度 2～7mm。菌管多层，每层 2～5mm，与菌肉颜色相近。管口圆形，每 mm6～8 个，咖啡色。孢子近球形，光滑，黄褐色，尺寸在 3.5～4.5μm×3～4μm 之间。刚毛圆锥形，褐色，长度 13～35μm，宽度 5～10μm。

（三）鲍氏针层孔菌

鲍氏针层孔菌拉丁学名为 Phelinus baumi Pilat，属于担子菌亚门，层菌纲，多孔菌目，多孔菌科，木层孔菌属。其子实体中等大小，木质结构，多年生，无柄。菌盖半圆形或贝壳状，横径 3.5～15.5 cm，纵径 3～10 cm，厚度 2～7 cm，通常 4 cm。初期肉桂色至黄褐色，有微细短绒毛。老化后黑褐色至深黑色，绒毛消失，表面粗糙，有同心环带及放射状环状龟裂。无皮壳，常覆盖苔藓。边缘薄锐或纯圆，全缘或波状，异色或近同色。下侧无菌肉，锈褐色，木质结构。菌管多层紧密，与菌肉同色同质，分层不明显。管口面栗褐色至紫赤褐色，管口细小致密，圆形，每毫米 8～11 个。刚毛体近似纺锤状，淡褐色，（14～18.5）μm×（4.5～5.5）μm。担孢子近球形，淡褐色，光滑，（3～3.5）μm×（2.8～3.2）μm。

桑黄是一种生长在海拔 500m 以上雨林区的稀有药用真菌，寄生在多种阔叶树上，生长期长达数十年甚至千年。在国内，桑黄主要分布在黑龙江、吉林、云南、湖北、四川、陕西、山西、浙江、安徽等地，其中集中分布区包括黑龙江省东部的乌苏里江与兴凯湖之间、陕西与甘肃交界的"子午岭"自然保护区、东北的长白山林区等地。西南各省区也有少量出产。在国外，桑黄主要分布在韩国、日本、俄罗斯、朝鲜、菲律宾、北美、中南美等地。

二、生长发育条件

(一) 营养条件

桑黄是一种木腐菌,生长依赖于木质素、纤维素和半纤维素的分解利用。其培养原料主要是阔叶树的树干、枝丫、树叶及木屑,辅以农副产品如麸皮、稻糠和玉米粉等。科学配置其他富含纤维素的农副产品下脚料,也支持桑黄栽培。对于桑黄栽培,不同阶段对碳氮比的要求不同。菌丝生长阶段最适宜的 C/N 比为 25∶1,而子实体生长阶段应在 30∶1 至 40∶1 之间。液体发酵时,最适宜的碳氮比为 24∶1。经过实验与实践,确定了桑黄固体菌种的最佳培养基配方,包括马铃薯浸出汁、琼脂粉、葡萄糖、麦麸、硫酸镁和磷酸氢钾,pH 值需调至 6.5。液体培养基的最佳配方为马铃薯浸出汁、葡萄糖、麦麸、硫酸镁、磷酸二氢钾和维生素 B_1。

在栽培方法上,桑黄可以采用杨树、桦树、柞树、桑树等阔叶树木进行段木栽培。同时,利用大多数阔叶树及桑枝等木屑,辅以适量的麦秸和石膏,也能实现有效的代料栽培。其中,代料栽培的最佳配方为桑树木屑 80%、玉米粉 10%、稻皮 2%、棉将壳 7%、石膏 1%。

(二) 环境条件

1. 温度

桑黄,作为中高温型药用菌,对生长温度具有特定的需求。在菌丝体生长阶段,适宜的温度范围为 15 ℃至 35 ℃,而最佳生长温度则集中在 25 ℃至 28 ℃之间。同样,子实体的生长也需要控制在 15 ℃至 35 ℃的温度区间内,其中 27 ℃至 30 ℃被视为最理想的生长温度。值得注意的是,当温度低于 15 ℃或高于 35 ℃时,子实体的形成将受到不利影响。

2. 湿度

菌丝体生长阶段,培养料的最优含水量应控制在 60%。在发菌期,为确保菌丝体的正常生长,应维持空气相对湿度在 35%至 45%之间。而进入子实体生长期后,为了保障子实体的正常发育,空间的相对湿度应调整至 85%至

95%之间。

3.光照

桑黄菌丝培养阶段无需光照，强光照对菌丝生长具有抑制作用。在子实体分化和生长阶段，适当的散射光（透光度控制在30%～50%，即三分阳七分阴）对出菇具有促进作用。然而，在无光照或光照强度低于10勒克斯的环境下，子实体的正常形成将受到影响。

4.空气

桑黄作为一种好气性菌类，在其菌丝体生长期间对空气的需求相对较低。然而，当进入子实体形成及生长期时，确保棚（室）内的空气流通至关重要。

5.酸碱度

菌丝体生长范围广泛，在pH值4.5至9的环境下均能生长，其中pH值6.0至6.5的环境最适宜其生长。在进行代料栽培时，基质的适宜pH值范围为5.5至6.5。

实训37　桑黄环境条件调控

一、实训目的

1.掌握桑黄环境调控的理论基础。

2.掌握桑黄生长所需的适宜环境条件。

二、实训设备及器件

智慧农业环境控制系统、自记温湿度仪、照度计、气体测试仪、PH检测仪、记录表。

三、实训地点

食用菌栽培室，生产示范基地。

四、实训步骤及要求

1.温度调控：①调节恒温设备，维持桑黄生长所需的适宜温度，一般在20～30 ℃之间。②根据桑黄不同生长阶段的需求，调整温度，保持稳定性。

2.湿度调控：①使用加湿器或除湿器等设备，维持桑黄生长环境的适宜湿度，一般在60%～80%之间。②定期检查环境湿度，根据需要进行调整。

3.光照调控：①提供适宜的光照条件，使用植物生长灯等设备补充光照。②根据生长阶段和光照需求，调整光照时间和强度，确保光照均匀。

4.通风调控：①使用通风扇等设备，保持桑黄生长环境的空气流通，防止病虫害发生。②根据气温和湿度等情况，调整通风设备的工作时间和风速。

五、实训分析与总结

深入了解桑黄生长环境条件的重要性，掌握调控环境条件的方法和技巧。实训中，不仅提高了操作技能，还培养了对生长环境的综合把控能力。

【评分标准】

考核内容要求	考核标准（合格等级）
1.观测、记录态度认真 2.准确给出调控措施	A.观测仪器指标认真，记录准确，能够与智慧系统无差异，做出的调控措施合理，可操作性强。 B.观测仪器指标较认真，记录较准确，能够与智慧系统差异小，做出的调控措施较合理，能够进行操作。 C.观测仪器指标不认真，记录缺乏准确性，与智慧系统差异大，做出的调控措施一般，可操作性一般。 D.观测仪器指标不认真，记录不准确，与智慧系统差异明显，做出的调控措施不合理，无可操作性。

任务二 桑黄生产技术

【知识目标】

1.掌握桑黄生产栽培料处理方法。

2.掌握桑黄生产管理技术。

【技能目标】

能够熟练掌握桑黄生产管理技术。

一、段木栽培技术

黑龙江省的段木栽培主要采取短段木熟料栽培方式，紧密结合当地自然条件进行。一般来说，每年的12月至次年的2月是采伐原木的主要时期，随后在2月至3月间进行料段的制作与养菌工作。5月中下旬，将料段排放入棚内，自 6 月至 10 月期间进行出黄管理。自 10 月至第三年的 4 月，进行越冬管理，而自第五个月的月末起，则再次开展出黄管理工作。整个过程一直持续到第四年的 9 月，此时开始进行采收工作。

桑黄的段木栽培的生产工艺流程严谨而有序，具体步骤如下：首先是木材的准备，接着进行截断、劈样、捆段等处理，然后装袋并灭菌。待灭菌完成后，进行冷却并接种，随后进入菌丝培养阶段。当菌丝培养完成后，将其排放入棚内，继续进行出黄管理和越冬管理，最后进行采收工作。

（一）栽培场地与设施

1. 料包

生产设施料包的生产过程涉及截断机、劈样机、捆段机、装袋机、高压灭菌柜、冷却室、接种室、发菌室等核心设备。所有这些设备不仅满足生产需求，而且其布局和环控条件都经过精心设计和优化。此外，料段生产场所的水质、大气和土壤环境都严格遵循食用菌生产的要求。

2. 栽培场地

应选择地势平坦、排灌便捷、远离生活污染源的砂壤土地段进行大棚建设。确保场地内的水质、大气和土壤环境等要素均满足食用菌生产的严格要求。

3. 菇棚要求

大棚建设应以彩钢或砖混结构为主，确保结构稳固、耐用。大棚的长度应控制在 25~30 m 之间，宽度则在 7~10 m 之间，高度为 1.8 至 2 m，以满足食用菌生长所需的光照和通风条件。在大棚外部，应覆盖专用的食用菌大棚塑料棚膜和遮阳网，以调节光照强度和温度，为食用菌提供适宜的生长环境。在大棚内部，应按照大棚的走向建设畦床，畦床宽度为 2 m，高度为 5~8 cm，间距则为 60 cm。

（二）原木准备

关于桑黄段木的人工栽培，木材的选用至关重要。必须确保所选木材新鲜、干燥且无霉变，材质上优先考虑桑、柞、桦、杨等阔叶树木，同时也可利用枝丫材或抚育剩余物，以充分利用资源。采伐的最佳时机为冬季树木休眠期，具体时间为 12 月至次年 2 月。在此期间，采伐树木时，应选择直径在 10~20 cm 之间的树木，以保证其质量和栽培效果。

（三）料包制备

1. 截断、劈样、捆段

在树木处理过程中，需将其枝丫剔除并削平。为确保接种效果，需在接种前 5 至 7 天，将树木截成 14~18 cm 长的木段。对于直径超过 10 cm 的木段，应使用人工或劈样机将其从截面劈成均匀样。接下来，将木段浸泡预湿 24 至 36 小时，确保其含水量达到 60%至 65%的适宜范围。最后，利用捆段机将劈样后的木段捆扎成直径为 10 至 30 cm 的圆形木段，并确保树皮朝外，以便后续操作。

2. 装袋

经过精心捆扎的圆形木段，需装入尺寸为（25~45）cm×（35~45）cm 的低压聚乙烯折角袋中，确保木段完全适应袋内空间。随后，对塑料袋上部进行严密封口处理，以防物料外泄。装填完毕后，料袋的高度应严格控制在 18±2 cm 范围内，菌段的重量亦需精确控制在 3~4 kg 之间。

3. 灭菌

常压分段灭菌法：6 小时内升温至 100 ℃，保持 14~20 小时，停火焖 3~5 小时，自然冷却至 60 ℃以下后出锅。

4. 冷却

经过灭菌处理的木段应迅速转移至指定接种场所，并确保其在自然环境下冷却至 28 ℃以下。

5. 接种

接种工作应在封闭性好、环境整洁、通风条件优越且便于消毒杀菌的场所进行，或采用移动式接种帐篷进行操作。当培养料温度降至 28 ℃时，必须严格遵循无菌操作规范进行接种。接种过程中，菌种应均匀覆盖段木截面，并确保袋口紧密扎牢，以防止污染和杂菌的侵入。

（四）发菌管理

1.菌丝培养

为确保发菌室内部环境稳定，需将温度严格控制在 22~26 ℃之间，空气相对湿度保持在 35%至 45%的合理范围内，并在全程维持黑暗环境条件下进行为期约 30 天的培养工作。自培养的第 15 天起，应开始逐步增加通风频率，确保早晚各通风一次，每次通风时长不得低于 1 小时。

2.后熟培养

在菌段表面长满菌丝的情况下，需进行连续培养，时长为 20 至 30 天。在此期间，必须严格控制培养室的温度，保持在 20 ℃左右，浮动不超过 2 ℃。同时，对于空气相对湿度的管理也至关重要，需维持在 35%至 45%的范围内。

（五）出菇管理

1.入棚排段

经过充分后熟处理的菌段，应被小心转移至大棚内部。在此过程中，需使用壁纸刀，在菌段一端的 2 cm 位置处，进行环形切割，以去除包裹的塑料袋。随后，将去除了塑料袋的菌段，整齐地摆放在畦床上，并确保已去袋的一端朝下。同时，菌段之间的间距应保持在 20 cm，以确保其生长空间与通风条件。紧接着，覆盖 4 至 5 cm 的沙土，以确保沙土能够稳妥地压住环形切割处塑料袋的边缘。

2.催芽管理

在菌段上开设 2~3 cm 长的月牙形切口，每段菌段上开设 2~3 个切口。完成开口后，应让菌丝恢复生长 2~3 天。随后，每天需向空中、棚膜及地面进行少量多次的喷雾状水，共计 3~5 次。喷水后，应确保通风 10~20 分钟。同时，应确保空气相对湿度保持在 75%~80%，土壤湿度维持在 55%~60%。此外，还需为菌段提供适量的散射光照，并将温度控制在 18~26 ℃的适宜范围内。

3.出黄管理

原基出现后，保持棚内空气相对湿度 85%~90%，土壤湿度为 55%~60%，每天早晚通风 0.5~1 小时，给予一定的散射光照，适宜温度在 26~30℃。

（六）采收贮藏

1. 采收

桑黄生长至无浅黄色生长点后即可采收，用一手握住菌袋，一手轻拧下桑黄，清理残留培养基，放入容器。

2. 干制

晒干：晾桑黄至半干，翻面再晾。

烘干：机械烘干，从35℃每4小时升温5℃至60℃，保持至含水量≤13%。

3. 包装

干品及时装入塑料袋密封，防止吸潮。塑料包装应符合GB4806.6规定。

4. 贮藏

干品存放于避光、阴凉干燥处或冷库，不得与有毒、有害物质混放，注意防霉、防虫。

二、代料栽培技术

（一）栽培场地与设施

料包的生产设施囊括了拌料机、装袋机、高压灭菌柜、冷却室、接种室以及发菌室等重要组成部分，全面覆盖料包生产的所有环节。同时，我们的设备配置以及环境控制条件充分满足料包生产所需，确保了整个生产过程的流畅性和高效性。料包生产场所的水质、大气以及土壤环境，均严格遵守食用菌生产的标准与要求，以确保产品的高品质与安全。桑黄代料栽培的场地选择与菇棚建设应遵循与段木栽培相同的严格标准。

（二）栽培原料与配方

桑黄代料栽培在黑龙江省的主料选择，应确保选用新鲜、干燥且无霉变的阔叶木屑，包括桑、柞、桦、柳等树种。辅料方面，推荐使用麸皮、玉米粉、米糠、豆粉，同时加入适量的磷酸二氢钾和碳酸钙。关于培养料的制备，其含水量应严格控制在55%～60%之间，pH值则应维持在6～7的范围内。

常用的培养基配方（质量百分比）为：

①木屑 78%、麸皮 15%、玉米粉 5%、糖 1%、石灰 0.5%、石膏 0.5%；

②木屑 80%、麸皮 18%、石灰 1%、石膏 1%；

③木屑 77%、麸皮（或稻糠）20%、豆粉 2%、石灰 0.5%、石膏 0.5%。

（三）料包制备

1.拌料与装袋

根据生产配方将白糖加入水中充分溶解后，再与水一同加入已混合均匀的干料中，并进行充分搅拌以确保均匀混合。通过手感测定，确保含水量控制在 55%～60% 的适宜范围内。在堆闷 6～8 小时后，开始进行装袋，过程中需进行一次翻堆操作，以保证松紧度适中且均匀。对于 17 cm×33 cm 的菌袋，每袋应装入湿料 1.1～1.2 kg，确保料袋高度约为 20 cm。当袋口剩余 6～7 cm 时，停止装料，并将袋内料面压平。随后，使用无棉体盖或扎口绳紧密封闭袋口，确保松紧度适宜，即手触料面不留指印、不松动，且袋面平整光滑、无皱褶。

2.灭菌

装袋工作完成后，必须立即进行灭菌处理。为确保灭菌效果，可采用以下两种方式之一：

（1）常压灭菌法。将物料置于灭菌设备中，逐渐升温至 100 ℃，并维持此温度 6 至 8 小时。随后，让设备自然冷却至室温。

（2）高压灭菌法。在灭菌设备内，将压力调整至 1.4 kg/m^2（对应温度为 126 ℃），并维持此状态 2 至 3 小时。停火后，继续保持设备密闭状态 3 至 5 小时。随后，自然冷却至 60 ℃ 以下，方可取出物料。

无论采用哪种灭菌方式，一旦物料冷却至适宜温度，必须立即将其运送至接种场所，并自然冷却至室温。

3.接种

接种工作应在封闭且整洁的环境中进行，确保场所具备良好的通风条件和消杀设施，亦可采用移动式接种帐篷以适应不同环境。当料袋温度降至 28℃ 时，必须严格遵循无菌操作规范进行接种。

(四)发菌管理

1. 菌丝培育工作

为了确保菌丝的健康生长,室内温度需维持在 22~26 ℃之间,相对湿度则应控制在 35%~45%之间。此外,在黑暗环境下进行为期约 30 天的培养是必要的。自培养开始后的第 15 天起,应逐步实施通风措施,早晚各通风一次,每次通风时间应达到 1 小时。

2. 菌丝后熟培养阶段

当菌段表面完全覆盖菌丝后,需继续对其进行后熟培养,时长为 20~30 天。在此期间,培养室的温度应稳定在 20±2 ℃,同时保持空气相对湿度在 35%~45%之间。

(五)出菇管理

菌棚培育过程分为入棚排段、催芽管理和出黄管理三个关键阶段。入棚排段,将后熟后的菌段有序地移至大棚内,通过排场约 10~15 天,等待菌丝恢复壮健后开始割口、催蕾。催芽管理阶段,通过开口形成月牙形状,让菌丝再次恢复 2~3 天。此时,重点是保持相对湿度 75%~80%、土壤湿度 55%~60%,并在适宜温度 18~26℃下进行喷雾和通风,同时提供适量的散射光照。出黄管理阶段,一旦原基出现,要维持相对湿度 85%~90%、土壤湿度 55%~60%,每天早晚进行通风 0.5~1 小时,同时确保适宜的温度在 26℃~30℃,并继续提供散射光照。

(六)采收贮藏

桑黄加工过程包括采收、干制、包装和贮藏。采收时,确保子实体成熟,握住菌袋轻拧下桑黄,清理后放入容器。干制可选择晾晒或机械烘干,机械烘干需逐步升温至 60℃,保持至含水量≤13%。包装使用规定塑料袋,及时密封防潮。贮藏时,干品需放避光、阴凉、干燥处或冷库,与有毒物质分开,防霉防虫。

实训 38　桑黄生产技术管理

一、实训目的
1. 掌握桑黄生产技术原理。
2. 掌握桑黄种植、环境条件调控、采收及加工等方面的操作技能。

二、实训设备及器件
试验用大棚、桑黄栽培种、喷水设施、桑黄采收用具，记录表。

三、实训地点
栽培实验室、生产示范基地。

四、实训步骤及要求
1. 种植管理：①使用植物育苗器进行种苗培育，确保品质优良的种苗。②根据土壤类型和气候条件，科学制定种植密度和行距。

2. 环境条件调控：①利用温室等设备调控温度，维持适宜的生长温度，一般为 20～30 ℃。②使用加湿器和通风设备，保持相对湿度在 60%～80% 之间。

3. 病虫害防控：①定期巡查，及时发现并处理可能存在的病虫害。②使用生物防治手段，减少对桑黄的危害。

4. 采收及加工管理：①根据桑黄成熟时机进行采收，注意采收工具的无菌处理。②利用清洗机对采收的桑黄进行初步清洗，再进行干燥和分级。

五、实训分析与总结
全面掌握桑黄生产的关键技术，包括种植管理、生长环境的合理调控、病虫害的防控等方面的操作技能。

【评分标准】

考核内容要求	考核标准（合格等级）
1. 观测、记录态度认真 2. 准确进行出黄管理	A. 观测菌种标准认真，记录准确，能够根据棚室特点适当管理，可操作性强。桑黄产量超过平均产量 20% 以上。 B. 观测菌袋标准较认真，记录较准确，基本能够根据棚室特点适当管理，可操作性较强。桑黄产量与平均产量持平。 C. 观测菌袋标准一般认真，记录大致准确，未能根据棚室特点适当管理，可操作性一般。桑黄产量低于平均 20% 以内。 D. 观测菌袋标准不认真，记录不准确，不能够根据棚室特点适当管理，无可操作性强。桑黄产量低于平均 20% 以上。

项目十八 食用菌病虫害防治

任务一 食用菌病害及其防治

【知识目标】

1. 了解食用菌病害概念。

2. 明确病害种类。

3. 掌握病害分类及特点。

【技能目标】

熟练掌握病害分类及特点。

食用菌在生长过程中,因环境不适应或受有害微生物侵染,导致菌丝体发育受阻,出现发菌缓慢、发菌不良、污染等异常现象,称为病害。而机械损伤、昆虫、动物和人为活动造成的伤害不属于病害范畴。引起病害的直接因素为病原,可分为生物性(微生物)和非生物性(环境因素)两大类。微生物病原引发的病害称为侵染性病害,环境因素引发的病害称为非侵染性病害。

一、定义

(一)非侵染性病害(生理病害)

非侵染性病害由非生物因素如温度、湿度、光线、通风、培养料等不适宜或管理不当引起,导致食用菌生理代谢失调。这些因素与病原微生物无关,因此病害无传染性。一旦环境条件改善,病害可恢复正常。此类病害在同一时空内,所有个体均可能发病。

(二)侵染性病害(非生理病害)

侵染性病害是由病原微生物侵染食用菌导致的生理代谢失调,病原物包括真菌、细菌、病毒和线虫等,具有传染性。被侵染的菌丝体或子实体称为寄主,病原物从中吸收养分,阻碍正常生理活动,导致症状出现。此外,干扰性或竞争性的杂菌也是重要的病害来源,如木霉、青霉、曲霉等,它们的侵染能力因食用菌种类、品种和生理状态而异。

二、症状(病症)

食用菌发病后的不正常特征称为症状,分为病状和病症。病状是菌种本身的异常状态,如生长缓慢、发黄等;病症是病原物在寄主体内外的特征,如放线菌在菌袋、菌瓶上的白色粉状斑点。病状肉眼可见,而病症需显微镜观察。非病原病害和病毒病害只有病状,而病原真菌、细菌侵染的病害既有病状又有病症,病症为主要依据。

病害类型、病原及病期不同,症状各异。食用菌发生病害时,常见症状如下:

(1)菌丝生长慢、不进料、发菌不均、菌丝消退。

(2)菌丝色变黄、萎缩、死亡;培养料变黑腐,异味明显。

(3)培养料表面长霉,形成白色、粉红或橘黄色菌被。

(4)子实体原基形成晚或不形成。

(5)子实体畸形,如菜花状、珊瑚状等。

(6)菌盖、菌柄有红褐或黑褐色斑点,水渍状条纹。

(7)子实体干腐或湿腐,菌柄髓变色或萎缩,有或无恶臭。

(8)子实体或幼菇色不正常、萎缩、干枯、僵化。

食用菌病害的命名多基于其显著症状或病原体种类,例如香菇烂筒病与平菇细菌病等。病害类型的不同,其病程演变也各具特色。因此,深入研究和准确掌握各类病害的发展过程,对病害的有效防治具有关键性指导作用。

三、病害的防治原理、原则与措施

（一）非侵染性病害

非侵染性病害的防治工作至关重要，必须始终坚持以预防为主的原则。在食用菌的整个生命周期中，从培养料的合理配置、发菌条件的科学调控，到菇房环境条件的严格管理，每一环节都需精心操作，以确保为食用菌生长创造最佳条件。

（二）侵染性病害

1.防治原理

（1）隔离病源。确保不引入携带病原的菌种和培养料，对培养料进行规范的二次发酵或灭菌处理，使用前对覆土材料进行蒸汽或药剂消毒，同时保持菇房的清洁和消毒。

（2）切断传播链。病害的再次侵染是造成生产危害的主要原因，因此，及时对工具进行消毒、灭虫灭螨，以及其他防控措施至关重要。

（3）抑制病原菌增殖。多数食用菌病害喜欢高温高湿环境，通过调整环境条件，如降温降湿、增强通风，可以有效抑制病原菌的生长。

（4）消除病原体。在菇房内外进行定期消毒，并采取必要的药剂防治措施，以彻底消除病原体，防止病害的发生和蔓延。

2.防治原则

（1）以培养料和覆土的处理为重点。食用菌病害的病原物常存在于培养料和覆土材料中，是病害的最初侵染源。因此，在发病区或老菇棚，应优先采用熟料栽培。近几年，平菇的黄斑病普遍发生，熟料栽培能有效防止其危害。

（2）场所和环境消毒要搞好。许多病原体在自然环境如土壤、空气和生物体上自然存在，特别是在老旧的菇房内部，如内壁和床架上，可能残留有前一生产季的病原体。为了实现环境和场所的消毒，最简单和经济的方法是利用阳光进行曝晒。具体做法是掀起菇棚的顶部，先让地面暴露在阳光下，然后进行深翻，再次进行曝晒。此外，甲醛、过氧乙酸、硫黄和漂白粉等也是高效且环保的消毒剂。

（3）栽培防治贯穿始终。在整个栽培流程中，必须严格把控温度与湿度，确保二者处于适宜范围。要加强通风换气，防止病原菌滋生与扩散。同时，对所有使用工具进行严格消毒，确保无菌操作。

（4）一旦发病及早进行药剂处理。在出菇期，一旦发生病害，必须立即采取有效措施进行处理，包括但不限于彻底清除病菇、科学处理病灶，以及合理喷洒杀菌剂等。若对病害处理不及时，极易导致病害迅速蔓延，届时将难以控制其影响，甚至可能给生产带来重大损失

（5）先采菇后施药，出菇留足残留期。药物防治时，若先施药再采菇，药剂易污染菇体并残留。因此，应先采菇后施药，再偏干管理菇房以抑制子实体原基形成。目前杀菌剂残留期为14天，多数食用菌子实体成熟需7天，故施药后需等待8天才能出菇。

实训39 认识食用菌病害

一、实训目的

1.全面了解常见食用菌病害。

2.掌握相应的防治技术。

二、实训设备及器件

主要种类食用菌病害图片、显微切片、食用菌病害PPT、食用菌病害标本（浸渍、干制）、放大镜、显微镜。

三、实训地点

标本室、实验室及食用菌栽培室。

四、实训步骤及要求

1.病害特征认识：学员通过观察图册、显微镜等工具，认识不同病害的外部特征和病原菌的基本结构。

2.病害影响因素分析：①讨论病害的发生与发展与环境、气候等因素的关系。②学员了解不同病害对食用菌产量和品质的影响。

3.基本防治方法学习：①学员学习基本的病害防治方法，包括生物防治、化学防治和物理防治等。②通过案例分析，让学员了解实际应用中的防治策略。

五、实训分析与总结

对食用菌病害的外部特征、影响因素和基本防治方法有更全面的认识。

【评分标准】

考核内容要求	考核标准（合格等级）
1. 观测、操作态度认真 2. 识别及分类准确	A. 观测标本、切片认真，记录准确，能够准确识别图片、PPT、和栽培室内食用菌病害准确分类，准确率90%以上。 B. 观测标本、切片较认真，记录较准确，能够识别图片、PPT、和栽培室内食用菌病害结构及分类，准确率70%以上。 C. 观测标本、切片不太认真，记录有差错，能够大部分识别图片、PPT、和栽培室内病害结构及部分分类，准确率50%以上。 D. 观测标本、切片不认真，记录不准确，能够少部分识别图片、PPT、和栽培室内食用菌病害结构及少许分类，准确率30%以上。

任务二　食用菌害虫及其防治

【知识目标】

1. 了解食用菌常见虫害。
2. 明确虫害种类。
3. 掌握虫害及特点及防治。

【技能目标】

熟练掌握虫害特点及防治。

一、厉眼菌蚊（尖眼菌蚊）

（一）形态特征

该成虫体长约为3 mm，呈现黑褐色，头部较小，复眼显著，具有刚毛。其触角线状，大约分为16节。胸部同样呈现黑褐色，翅膀为烟色，背板隆起明显。此外，该成虫拥有三对细长的足。翅膀上具有明显的"U"形脉。

在卵的形态上，呈现椭圆形，初为白色，后逐渐变为褐色。幼虫的头部为黑色，胸腹部则为乳白色，共分为12节。初孵化的蛹为乳白色，随后逐渐变为淡黄色。在羽化前，蛹的颜色变为褐色至黑色，最终变为黑色。

（二）为害症状

该害虫的幼虫形态会对食用菌的菌丝体和子实体造成较大危害。幼虫具有群居习性，会取食培养料及菌丝体，甚至能将菌丝完全咬断并吃光，导致培养料变质发黑并产生恶臭。当幼虫侵害菌种时，由于其数量众多，一瓶菌种中可能含有数十头至上百头幼虫，它们会将菌丝完全吃光，甚至将培养料啃食成碎渣。此外，幼虫还会在培养料表面爬行并制作茧。当幼虫达到三龄后，它们会开始蛀食子实体，从菌柄基部侵入并形成空洞，将菌盖的菌褶完全吃光，同时还会排出粪便，使受害的子实体失去商品价值。

（三）生活习性

成虫偏好在畜粪、垃圾、腐殖质及潮湿土壤中繁衍后代。一旦侵入菇房，它们会选择在培养料及子实体的表面作为栖息地，并在其中产卵。成虫具有趋光性，且具备强大的飞翔能力。幼虫则偏爱腐殖质，喜欢潮湿环境，浇水后多会在表面活动。若床表面干燥，幼虫则会寻找更为湿润的环境。

（四）防治措施

（1）环境卫生。厉眼菌蚊容易在不洁的环境中繁殖，因此要保持菇房内外的清洁卫生，彻底清除腐殖质、垃圾和污水，采取喷洒或熏蒸杀虫等措施。

（2）安装防护措施。安装60目的纱门、纱窗来防止厉眼菌蚊进入菇房，减少害虫的侵害。

（3）及时清理。清理菇根、碎片及烂菇，防止害虫滋生。

（4）灯光诱杀。利用黑光灯、高压静电灭虫灯或日光灯进行诱杀，配合适量的杀虫剂以提高诱杀效果。

（5）化学防治。根据厉眼菌蚊发生情况，采取喷洒或熏蒸等化学防治措施，保障食用菌的生长环境。

二、小菌蚊

（一）形态特征

小菌蚊（Chironomidae）是一类微小的无脊椎动物，其形态特征表现为身体纤细而瘦长，具有细长的触角，用以感知环境中的化学信息。翅膀呈透明或淡色，具有狭长的形状，为小菌蚊在飞行中提供了轻巧的飞行特性。腿部相对较长，适应在水域或周围环境中的移动和生存。

（二）为害症状

小菌蚊是危害食用菌产业的重要害虫之一。其幼虫在培养基表面活动，具有群居特性，主要对食用菌的菇蕾和菇丛构成威胁。幼虫会啃食菌丝和培养料，导致菌丝消失，培养料腐烂并发出恶臭。更为严重的是，它们还能吐丝结网，将菇蕾和幼虫笼罩其中，受困的菇体因此停止生长，逐渐变黄并最终干枯死亡。在侵害菌盖时，幼虫能将菌褶啃食成残缺不全；侵害菌柄时，则会咬出小孔。此外，它们还会取食培养料，对食用菌的生长造成严重影响。

（三）生活习性

成虫具备趋光特性，一旦完成羽化，便可立即进行交尾。成虫展现出卓越的活动能力，雌虫在交尾后的当天便能产卵，产卵方式既有堆产也有散产，数量通常在 20 至 150 粒之间。在 17.5 至 22.5 ℃的环境条件下，成虫的寿命为 3 至 14 天，通常为 6 至 11 天。卵期则一般为 3 至 5 天。当环境温度维持在 23 至 32.8 ℃时，从幼虫孵化到蛹的阶段通常需要 11 至 14 天。

（四）防治措施

同厉眼菌蚊。

三、大菌蚊

（一）形态特征

该生物卵呈卵褐色，形状为椭圆形，顶端尖锐，背面存在不规则凹凸。幼虫阶段，其头部呈现黄色，胸部及腹部则为淡黄色，共计分为十二节，自第一节至末节，均有一条深色波状线贯穿连接。进入蛹期，初期呈乳白色，随后逐渐转变为淡褐色，最终变为深褐色。成虫阶段，体色呈现黄褐色，体长介于 5～6 mm 之间，头部为黄褐色与黄色相间。触角为褐色，配备两个单眼和一对较大的复眼。前翅发达，而后翅则退化成平衡棒，用于维持身体平衡。

（二）为害症状

大菌蚊是食用菌生产中的重要害虫，其幼虫对原基及菇蕾具有极强的破坏力，一旦子实体受到侵害，将迅速萎缩并最终枯死。这些幼虫具有极强的侵蚀能力，它们能够在子实体的原基及菌柄上形成孔洞，并将菌褶啃食成不规则的缺刻，导致被害子实体迅速腐烂。大菌蚊的成虫偏好阴湿环境，如山洞和地沟等。而幼虫则通常在料块表面活动，对食用菌的生长造成直接威胁。

（三）生活习性

在温度范围为 22.5℃至 30.5℃之间，成虫进入发生盛期，活动频繁。幼虫则呈现出群居为害的习性，倾向于在子实体周围集结，有时一个子实体周围便可见到数十条幼虫。

（四）防治措施

为了有效防控小菌蚊对食用菌的危害，种植者需在菇棚的门、窗和通风口处安装纱门、纱窗，以避免成虫的飞入。采菇后清理料面时要特别留心捕捉大菌蚊的幼虫，减少其滋生。此外，可以利用大菌蚊成虫对光的趋向性，通过灯光诱杀技术进行防治，同时也可考虑使用 2000 倍溴氰菊酯溶液喷洒，全面提高防治效果。

四、宽翅迟眼菌蚊

（一）形态特征

成虫体长 2.7～3.2 mm，头部色较深。复眼大，黑色。触角褐色，长 1.2～1.3 mm。翅淡褐色，脉黄褐色。腹部暗褐色；卵长圆形，初时乳白色；幼虫蛆形，头黑色，胸及腹乳白色，共 13 节；蛹黄褐色，腹节 8 节，每节有一气门。

（二）为害症状

幼虫喜食菌丝体和子实体原基，常潜伏在培养料表面或子实体内取食，使料面变黑、松散。幼虫先从柄基部开始钻蛀，向上逐渐侵害菌褶，严重时可使菌柄被蛀空，留下许多虫孔，进而侵害菌褶、菌盖。被害的子实体无法继续生长。

（三）生活习性

在畜粪、垃圾、腐殖质和潮湿的菜园土等环境中，其繁殖能力尤为旺盛。成虫表现出强烈的活跃性，具备趋光特性，且拥有出色的飞翔能力。

（四）防治措施同

同厉眼菌蚊。

五、瘦蚊

（一）形态特征

瘦蚊是一种细小的害虫，成虫头部、脑部和背面呈深褐色，其他部分呈黑褐或橘红色，具有小复眼和念珠状的触角。幼虫为纺锤形状，13 节，无足，体色多变。蛹为裸蛹，初期白色半透明，后期橘红或淡黄色，头部有两根呼吸管毛。中胸腹面有突出的剑骨是其主要特征之一。

（二）为害症状

瘿蚊通过其幼虫对多种食用菌进行危害，尤其是在出菇前期。幼虫侵害培养料和覆土，导致菌丝死亡和幼蕾枯萎，随后进入菇柄和菌褶取食，尤其偏好蛀食菌蕾弯曲部分，引发表皮蛀洞、褐色粪便排出等现象，严重时可使子实体污染并呈褐色。大量瘿蚊甚至形成红色粉状物质覆盖在培养料表面，对菌膜造成橘红或淡黄色影响。瘿蚊的严重发生可能导致食用菌产量绝收。

（三）形态特征

该生物偏好在腐殖质及污水中生存。成虫具有趋光性，倾向于在培养料及腐烂的子实体内产卵，并通过幼虫进行繁殖，此过程称为幼体繁殖。其繁殖周期极短，每周可繁殖一代，导致短期内虫口密度迅速增加，造成严重的危害。幼虫喜好潮湿环境，同样具有趋光性，能在水中存活多日。然而，在干燥条件下，幼虫活动困难，常常聚集形成红色球状，以此保护自身生存。一旦环境条件适宜，红色球状体会解散，继续进行繁殖。

（四）防治措施

（1）保持菇房清洁，清理垃圾、污水、废料，减少虫源。

（2）安装纱网在菇房门窗及通气孔，防止成虫飞入产卵。

（3）进料前对菇房进行消毒和杀虫，可用溴氰菊酯或硫黄处理。

（4）早期发现瘿蚊，用溴氰菊酯喷洒，连续用药3~4次可杀死幼虫和成虫，但需在菇采完后进行。

（5）采用灯光诱杀。

（6）发生严重的菇棚停止喷水，使幼虫因干燥而死亡。大量发生时，用溴氰菊酯溶液喷洒。

（7）子实体受害时，撒少量石灰或干燥处理，使幼虫自然死亡。

六、蚤蝇

（一）形态特征

成虫小蝇体型微小，长度为 1.2~1.8 mm 之间，体色为黑色或褐色。其显著特征是背部有两个由翅膀折叠形成的小白点。头部呈扁球形，有大型黑色复眼和短小的近圆柱形触角，触角第三节长有一个触角芒，并具备三个单眼。胸部明显隆起，中胸背板较大，而盾片较小，呈三角形。翅膀为白色，较短，径脉粗壮，翅膀前缘基部至径脉汇合处覆盖着微毛。足部呈深黄色至橙色。幼虫呈白色，形态似蛆，无足，长度为 4 mm。卵为白色，椭圆形。蛹则为黄色。

（二）为害特性

蚤蝇是食用菌生产中常见的害虫，喜欢以双孢蘑菇、平菇、木耳、银耳等为食。其幼虫对菌丝体和子实体为害，取食量大、集中为害，导致菇体组织松散、枯萎，严重时使整个菌蕾被蛀食空，形成鼻涕状耳片，严重影响食用菌的品质和产量。蚤蝇的发生特点为来势猛、为害重，需要采取有效措施进行防治和管理。

（三）生活习性

蚤蝇的食性广泛，分布地域辽阔，其幼虫偏好高温环境。成虫行动敏捷，产卵多选择在培养料内部。土壤湿度与蚤蝇发生情况呈正相关，湿度越大，其发生越为严重。幼虫在成熟后，会选择在覆土层或培养料表层内化蛹，并以成虫或蛹的形式越冬。

（四）防治措施

保持栽培场所湿度适宜，避免过高湿度，并尽量减少向菇体喷水；合理管理菇房，确保温度不会过高；在菇房门窗处安装纱网，以防止蚤蝇飞入；采菇后，使用 2000 倍的溴氰菊酯液进行喷洒，以有效控制蚤蝇的数量，从而保障食用菌的生长和品质。

七、果蝇

（一）形态特征

成虫体长约为 5mm，体色呈黄褐色。其腹部末端带有明显的黑色环纹，触角结构分明，共分为三节。此外，该昆虫的复眼存在红、白两种变异形态。在卵的阶段，其外观呈现为乳白色，且背面前端生长有一对触丝。当进入幼虫阶段时，体色为白色，无足，形态类似蛆虫。随着幼虫的成长，老熟幼虫的头部变得尖锐，体色转为黄色，并在尾部发育出乳突。当幼虫进入蛹的阶段，初期呈现为白色且较为软化，随后逐渐硬化并转变为黄褐色，形成围蛹的形态。

（二）为害症状

对双孢菇、平菇、黑木耳、毛木耳、银耳等食用菌造成危害。该害虫的幼虫阶段主要侵害菌丝体和子实体。在侵害菌丝体和培养料时，幼虫会导致培养料发生水渍状腐烂；而在侵害子实体时，幼虫会蛀食菌柄和菌盖，进而引发子实体的萎缩腐烂或烂耳现象。

（三）生活习性

果蝇成虫偏好在腐烂水果、垃圾以及食用菌发酵料及其废料等环境中觅食和产卵。食用菌的菌丝和发酵料所散发出的香味，对果蝇成虫具有强烈的吸引力，促使其在这些培养料中产卵。果蝇的生活周期短暂，繁殖能力却极高，一年内可繁殖多代。在温度为 20～25℃的条件下，果蝇的繁殖周期仅为 12～15 天。然而，当环境温度超过 30℃时，成虫将无法正常繁殖，甚至可能面临生存危机。

（四）防治措施

果蝇对糖醋液具有较强的趋性。因此，可采用一种特制的糖醋液进行诱杀。具体配制方法如下：按照白酒：糖：醋：水为 1：2：3：4 的比例，将各成分混合均匀,制成糖醋液。随后,向糖醋液中加入几滴溴氰菊酯,以增强其诱杀效果。最后,将配制好的糖醋液放置在灯光下,利用果蝇的趋光性,吸引并诱杀成虫。

八、螨类

螨虫,亦称菌虱,属于节肢动物门、蛛形纲、蝉螨目。螨虫种类繁多,分布广泛,食性复杂。在食用菌生产领域,短蒲螨科、微离螨科、穗螨科、粉螨科、跗线螨科、薄口螨科、长头螨科和囊螨科等均有出现。其中,短蒲螨科中的木耳卢西螨,微离螨科的兰氏布伦螨,以及粉螨科中的嗜木螨和腐食酪螨,是普遍且严重危害食用菌的螨类。

(一)形态特征

1.木耳卢西螨(矮蒲螨科)

体长约为 0.15 mm,呈椭圆形,体色从黄白色至深褐色不等,其身体由一明显的横沟分为两部分,分别为前足体和颚体,两者之间存在一类似"颈"的囊状结构,这一结构在生物学上具有重要意义。此外,其气门形态狭长,且分布相互远离,呈现出一种特殊的生理适应。在体表结构上,前足体背毛共有 3 对,而后半体背毛则多达 7 对,显示出其体表毛发的丰富多样性。更为特别的是,其胫跗节粗大且骨化程度较高,顶端发育出一发达的爪,这一特点对于其生活习性和生态环境具有重要影响。

2.兰氏布伦螨(微离螨科)

经测量,该生物体长 0.17~0.18 mm 之间,色泽呈黄白色,形态为椭圆形。其身体扁平,前足体背部显著特征为具有一对明显的刚毛,气门形状如水滴。雄性个体则呈菱形,体态相对较宽。

3.嗜木螨(粉螨科)

雄虫体长 0.52~0.64 mm,色泽呈白色至黄白色。雌虫体长则为 0.36~0.60 mm 范围内。休眠状态下的体长固定为 0.21 mm,其背表光洁平滑,配备有 8 个吸盘。

4.腐食酪螨（粉螨科）

体长 0.28～0.42 mm 之间，表皮特征为光滑且明亮，展现出一种独特的光泽。其体色会根据所摄取的食物颜色进行相应的变化，体背长有刚毛，为其提供了必要的保护。

（二）为害症状

螨类对双孢蘑菇、香菇、平菇、草菇、木耳、银耳等多种食用菌均构成严重威胁，贯穿食用菌生产的始终。它们蚕食菌丝体和培养料，导致菌丝受损、萎缩，影响食用菌的正常生长。在严重情况下，螨类甚至能够将培养料内的菌丝消耗殆尽，造成无可挽回的经济损失。此外，螨类还会咬食菌蕾和幼菇，导致菇蕾死亡，严重影响食用菌的产量和质量。当螨类直接侵害子实体时，会在子实体表面形成不规则凹陷和孔洞，严重影响食用菌的外观和品质。更为严重的是，螨类还能钻入菌种瓶（袋）内，继续咬食培养料和菌丝体，导致菌种报废。

（三）生活习性

螨类偏好温暖潮湿的栖息地，常见于稻草、麦麸、米糠、棉籽壳等培养基中产卵，并可随这些培养料一同进入菇房。此外，它们还具备吸附在蚊、蝇等昆虫体上的能力，通过这些昆虫传播进入菇房。在 25 至 28 ℃的适宜温度下，螨类繁殖迅速，对菇房造成严重的危害，且倾向于群聚。当环境条件不利时，螨类会进入休眠状态，其休眠体腹部配备有吸盘，能够吸附在蚊、蝇等昆虫体上，进一步进行传播。

（四）防治措施

螨类防治工作应坚持"预防为主，综合施策"的原则，紧密结合生态防治与理化防治手段，以有效降低螨虫的危害。

（1）栽培场、菌种场及其周边环境需维持清洁。被螨虫侵害的菇房废料应隔离并妥善处理，同时确保菇房及床架材料经过消毒处理。

（2）严格把控菌种质量，对受螨虫污染的菌种进行报废处理。在发菌期间，定期检查以防止螨害发生。此外，覆土材料也需经过药物处理以消除螨虫。

（3）确保培养料的质量，通过将其发酵或灭菌，并在 49 ℃下保持 20 分钟，可有效杀死其中的害螨。

（4）为防止害螨的传播和迁移，必须消除菇房内的蚊蝇。这些昆虫会加速螨虫在菇房内的传播，因此消灭它们对于切断害螨的主要传播途径至关重要。

（5）应用化学防治。

1）发酵过程中发生螨害，翻堆时喷施 20%三氯杀螨喷乳剂 400 倍液。

2）发菌期螨害，用 73%g 螨特乳油 2000 倍液或溴氰菊酯熏蒸防治，每 m^2 用药液量 0.5～1 kg，必要时可重复喷药。也可用 2.5%溴氰菊酯乳油剂 1000～1500 倍，杀螨兼杀蝇类。此外，使用 2.5%天王星 1000～1500 倍液也有良好杀螨效果。

3）出菇期发生螨害，需在转潮期喷施低毒、低残留农药，如克螨特、天王星或其他菊酯类，每 m^2 用药液 0.6～0.7 kg。也可用 1.8%阿维菌素 3000～6000 倍液喷洒床面或覆土，持效期 14～21 天。

4）利用螨的趋避性进行诱杀，螨对肉骨香敏感，可把肉骨头烤香后置于菌床各处，待害螨聚集时投入开水中烫死，骨头可反复使用。

九、线虫

（一）形态特征

线虫虫体结构包含头部、颈部、腹部和尾部四个主要部分，形态呈现为线性。其体长小于 1mm，略粗于菌丝，呈现出白色透明的特征，且两端逐渐纤细。

（二）为害症状

线虫是对双孢蘑菇、平菇、香菇、金针菇、草菇、木耳和银耳等食用菌造成严重威胁的害虫。无论是菌丝体还是子实体，都可能成为其侵害的目标。那些拥有口针（亦称吻针）的线虫，利用其尖锐的口针（其中含有消化液）穿透被害的菌丝体，同时，消化液也注入菌丝细胞内。这些线虫通过吸食和消化菌丝细胞的营养物质，对菌丝生长造成阻碍，甚至导致菌丝萎缩消失。在实际生产过程中，有时播种后菌丝已经成功生长，但不久后菌丝逐渐消失，这种现象在菇农中俗称"退菌"，大多数情况下与线虫的严重侵害密切相关。而没有口针的线虫则利用其头部进行快速而有力的搅动，将菌丝断裂成碎片。之后，这些线虫会吸吮或吞食这些菌丝碎片。不同的食用菌受到线虫侵害时，会表现出不同的症状。

经过线虫侵害的双孢蘑菇菌床，菌丝分布明显稀疏，培养料色泽转黑并呈现发黏状态，菌丝活力减退，无法正常出菇，同时散发出异常臭味。香菇在脱袋排场过程中同样易受线虫侵害，受害菌袋内菌丝完全消失，发生退菌现象，最终导致菌袋整体腐烂。银耳遭受线虫侵害后，会出现类似鼻涕状的腐烂现象。草菇受害后，其子实体由黄转褐，最终整个子实体腐烂，并伴有腥臭气味。黑木耳、金针菇、毛木耳等品种在受线虫侵害后，子实体同样会发生腐烂、自溶现象。平菇受害时，菌丝逐渐萎缩，发生退菌，培养料转变为潮湿腐烂状态，子实体受害后则呈软腐水渍状，色泽由腐黄变为腐褐色。

（三）生活习性

线虫倾向于在高温且富含腐殖质的环境中栖息。它们能够通过培养料、覆土、喷水过程、工具以及操作人员等途径进行传播。在温度范围为23～28 ℃、且培养料含水量偏高的情况下，线虫繁殖速度迅速增加，从而加剧其对作物的危害。

（四）防治措施

（1）鉴于线虫对高温的耐受性较弱，应采取发酵或灭菌措施对培养料进行处理，以消除潜藏其中的线虫。

（2）必须重视栽培场所的卫生管理，确保及时清理垃圾和废物，并在使用前进行彻底的消毒工作。为此，菇房及耳场应喷洒1%石灰水或1%漂白粉进行消毒。

（3）为了保障菇房用水的清洁度，应避免使用不洁或污染的水源。因为不干净的水可能含有大量线虫和其他病原菌，对菇类生长造成威胁。

（4）当发现线虫问题时，应立即喷洒1%石灰水或1%食盐水，并在地面撒布石灰，以取得良好的防治效果。对于线虫危害严重的菇房或耳（菇）场，建议每隔2~3年轮换一次，以改善其环境条件，减少线虫滋生。

（5）在出菇前，如发生线虫侵害，应停止喷水。保持菇房环境相对干燥有助于抑制线虫的活动，从而减轻其对菇类的危害。

（6）必须及时清除烂菇和废料，以防止线虫滋生和传播。

十、跳虫

（一）形态特征

跳虫是一类体型微小的昆虫，其体长通常不超过5 mm，柔软且无翅膀。其体色呈兰灰黑色，多数个体体表覆盖有细毛。跳虫的触角和足均为四节，具备一种灵活的尾部结构，擅长跳跃移动。

（二）为害症状

该害虫对双孢蘑菇、平菇、香菇、凤尾菇、草菇、金针菇、银耳等多种食用菌构成严重威胁，既能侵害菌丝体，也能咬食子实体。害虫在接种穴周围或子实体上聚集，具有咬断菌丝的能力，导致退菌现象的发生。一旦害虫侵染子实体，它们会钻入菌柄、菌盖内取食，使菌柄出现多处小洞，菌盖表面出现不规则凹点或孔洞，进而暴露菌肉。随着时间的推移，菌肉会逐渐变为褐斑，严重时，子实体将枯萎。

（三）生活习性

该生物一年内可繁衍6至7代，常年在枯木、废弃物和肥沃堆积物等阴暗潮湿、富含腐败物质的环境中生存。其适应温度范围广泛，全年均可活动并造成危害。此生物具有出色的跳跃能力，能在培养基或子实体上迅速移动，跳跃高度可达数cm。它们还有群聚的习性，一个菌盖上聚集的数量有时甚至可达数千头，其密集程度如同烟灰落在菌盖上，因此俗称"烟灰虫"。一旦受到外界干扰或振动，它们会迅速逃离原处，藏匿于潮湿阴暗的角落或地面上。此外,它们的体表覆盖有一层蜡质,具有防水功能,因此可以长时间在水面上漂浮而不影响其跳跃活动。大部分跳虫的生长发育需要环境湿度维持在89%以上。

(四)防治措施

跳虫是菇房环境恶化的重要指示害虫,为确保菇房生产安全和品质,特制定以下防治措施:

1.诱杀法

在菇房出菇前,可设置水盆进行诱杀。将溴氰菊酯溶液按1000倍稀释,并加入适量蜜糖,以提高跳虫的吸引力。将水盆放置在菇房内,吸引跳虫跳入水中,从而达到防治目的。

2.新鲜橘皮防治法

将250~500g新鲜橘皮切碎,用纱布包好榨取汁液。在汁液中加入500g温水,按1∶20的比例混合均匀后喷施。此法可在2~3天内使跳虫全部死亡。另外,也可将橘皮水煮后的汁液直接喷施,同样具有防治效果。

3.保持环境卫生

为预防跳虫滋生,需确保栽培室内不积水,定期清理周围环境,及时清除杂草和废料,以维护菇房整洁和生产安全。

实训40 认识食用菌虫害

一、实训目的

1.对食用菌常见虫害有全面的认识。

2.能够认识食用菌虫害并准确分类。

二、实训设备及器件

主要种类食用菌虫害图片、显微切片,食用菌虫害PPT、食用菌虫害标本(浸渍、干制)、放大镜、显微镜。

三、实训地点

标本室、实验室及食用菌栽培室。

四、实训步骤及要求

1.虫害种类和特征认识:通过观察虫标本、显微镜等工具,认识不同虫害的外部特征和生命周期。

2.虫害危害程度分析：讨论不同虫害对食用菌产量和品质的危害程度，了解虫害的影响因素。

3.基本防治方法学习：学习基本的虫害防治方法，包括生物防治、化学防治和物理防治等。②通过案例分析，让学生了解实际应用中的防治策略。

五、实训分析与总结

掌握虫害的种类、特征、危害程度以及基本的防治方法。

【评分标准】

考核内容要求	考核标准（合格等级）
1.观测、操作态度认真 2.识别及分类准确	A. 观测标本、切片认真，记录准确，能够准确识别图片、PPT、和栽培室内食用菌虫害准确分类，准确率90%以上。 B. 观测标本、切片较认真，记录较准确，能够识别图片、PPT、和栽培室内食用菌虫害结构及分类，准确率70%以上。 C. 观测标本、切片不太认真，记录有差错，能够大部分识别图片、PPT、和栽培室内虫害结构及部分分类，准确率50%以上。 D. 观测标本、切片不认真，记录不准确，能够少部分识别图片、PPT、和栽培室内食用菌虫害结构及少许分类，准确率30%以上。

认识食用菌病害详细视频讲解见资源18-1。

资源18-1

任务三　食用菌病虫害综合防治

【知识目标】
1. 了解食用菌病虫害综合防治概念。
2. 明确病虫害防治综合原则。
3. 掌握病虫害综合防治方法。

【技能目标】
熟练掌握食用菌病虫害综合防治方法。

食用菌病虫害综合防控,亦称综合治理或综合调控,是食用菌生产过程中采用的全局性、科学化、高效率的防治措施。具体包含环境调节控制、生态平衡调整及化学药剂防治等多元手段,确保食用菌产业健康发展。

一、环境调控

（一）环境卫生的治理

1. 生产场所的选定

为确保菌种培养与出菇过程的纯净与安全,菌种培养室与出菇棚的选址应远离仓库、饲养场、垃圾场及厕所等潜在污染源。同时,食用菌生产场所的布局应科学合理,以最大限度地降低污染风险。

2. 维护生产场所的环境卫生

培养室内地面应保持平整且清洁,便于日常消毒工作。栽培室及出菇棚周边应确保整洁,无杂草及废弃物堆积,及时清除枯枝烂叶。此外,应定期在菇棚四周撒布生石灰粉或漂白粉,以防止白蚁及其他害虫的入侵。

3. 强化防输入性虫害措施

为确保培养室与出菇棚内不受虫害侵扰,应在门、窗及通风口处安装细眼纱网,有效阻止菇蝇等昆虫的飞入。

4.操作人员的消毒要求

操作人员在进入培养室或出菇室前,必须严格遵守消毒程序。特别是在从存在病虫害的菇房进入另一菇房时,必须更换经过消毒的衣物和帽子,以防止病虫孢子和虫卵的传播。

(二)菇房、工具的消毒及处理

1.旧菇房消毒

栽培食用菌的菇房均为旧菇房,再生产时需严格消毒。忽视消毒会导致病虫害严重,造成减产或绝收,经济损失大。因此,旧菇房和旧出菇棚在栽培前需进行熏蒸消毒,以杀死墙缝、架子缝中的虫子及卵。常用熏蒸剂有甲醛、硫黄等,可杀死害虫和真菌孢子,效果良好。甲醛是最常用的熏蒸剂,每 m^3 空间用 10 mL。操作时按菇房空间体积计算甲醛量,倒入玻璃、陶器或金属容器内,再加入等量的高锰酸钾。两种物质反应产生大量热使甲醛蒸发,起到熏蒸杀毒效果。熏蒸时门窗紧闭,24~48 小时后通风散味后使用。石灰也有消毒作用,可刷墙、撒地。

2.旧器皿及用具的消毒

为防止杂菌和虫卵的滋生与传播,对于重复使用的菌种瓶及菌种袋,在再次使用前,必须严格按照卫生规定进行处理。具体而言,这些用具应浸泡在 2%的高锰酸钾等杀菌剂溶液中,浸泡时间不得少于 24 小时,以彻底杀灭其上附着的杂菌和虫卵。

3.采收结束后生产场地要彻底消毒

清理废料之前应对菇房实施熏蒸措施,并将室内温度提升至 65 ℃以上。根据科学研究,大多数真菌的营养体和孢子在 65 ℃左右能够被有效杀灭,而昆虫、线虫和螨类等害虫则在 55 ℃左右即可被消除。为确保菇房内的病虫害得到彻底清除,建议将菇房温度维持在 70 ℃并持续 1 小时。完成熏蒸后,应将已消毒的废料运送至远离菇房的地方进行妥善处理。此外,菇房内的床架及相关设施、器具也需经过再次消毒,以确保整个菇房环境的卫生安全。

（三）栽培原料处理

为确保隔年栽培料的品质和安全，在栽培前必须进行严格的消毒处理。一种有效的方法是将栽培料在烈日下暴晒 1 至 2 天，这样能够有效杀灭其中的杂菌孢子和害虫，保证栽培环境的卫生。此外，还可以通过堆制发酵的方式，利用高温进一步杀死杂菌和害虫，确保栽培料的纯净和安全。

二、生态调控

（一）环境条件控制

1.温度

各类食用菌品种，均具备其独特的生长温度区间。当环境温度处于这一适宜范围内时，食用菌菌丝将展现出迅猛的生长势头，菇体提早形成，且抗逆性显著增强。与此同时，杂菌的生长将受到显著抑制，污染风险大幅降低。一般而言，食用菌菌丝生长的理想温度区间为 20℃～25℃，而霉菌则偏好于 30℃～35℃的环境。

2.空气相对湿度

大部分霉菌均对食用菌构成侵害，其生长环境偏好高温高湿。为了确保食用菌的健康成长，在菌丝生长阶段，必须将室内的空气相对湿度严格控制在 70%以下。

3.加强通风和光线调控

多数食用菌品种属于好氧性真菌类别，它们的生长需求良好的通风环境。相对而言，许多有害食用菌的杂菌则更偏爱在闷热、缺氧的条件下生长。因此，为了确保食用菌的健康生长，必须在其生长过程中维持一个良好的通气状态。另外，在食用菌的生长过程中，光照也扮演着重要的角色。适当的散射光照能够促进菌丝体和菇体的健壮成长，增强它们的抗病能力，使食用菌能够更好地抵御杂菌的侵袭。

4.控制培养料酸碱度

各类食用菌对于生长环境的酸碱度需求各异。例如，草菇偏好于碱性环境生长，而绝大多数食用菌则更适宜在中性至微酸性的环境中生长。因此，在配制食用菌培养料时，必须严格控制培养料的酸碱度，以有效抑制病原菌的滋生，确保食用菌的健康生长。

5.物理调控

借助高温、高压环境，结合日光强烈照射、黑光灯引诱杀灭以及过滤除菌等科技手段，可实现病害的有效预防和虫害的根本消除。物理调控方法的运用，既简便易行，又安全无害，既不会对人体健康造成威胁，也不会对生态环境产生污染。因此，物理调控方法在实际应用中得到了广泛推广，成为成本最低、效果最显著的防治手段之一。

举例来说，对于储存时间较长的原料，可以在栽培前将其置于强烈阳光下暴晒一至两天，以有效杀灭其中的杂菌营养体和虫卵。另外，利用高压锅进行短时间处理，同样可以杀灭物料中的杂菌和虫卵。在栽培过程中，一旦发生虫害，可采用黑光灯引诱杀灭技术，有效对付如眼菌蚊等双翅目昆虫。这种物理调控方法不仅减少了农药的使用，降低了生产成本，而且避免了农药污染，确保了产品的安全性和环保性。

（二）生物防治

生物防治，即利用生物或其代谢产物的制成品对食用菌病虫害进行防治的一种手段。此方法在农业与林业领域已得到广泛采纳与实践，而在食用菌领域的运用尚处于初级阶段。尽管如此，其展现出的应用前景却是十分广阔的。生物防治的优势在于其环保性、安全性及持久性。具体来说，生物防治不会对生态环境造成污染，不留下化学残留，对人和动物均无害，且长期使用不会产生抗药性，从而确保了防治效果的持久稳定。

1.生物杀菌剂

目前，在食用菌生产过程中，广泛采用生物发酵技术提取代谢物作为天然杀菌剂，以有效防治各类病害。例如，利用 200 mg/L 的链霉素，可以有效防治由革兰阳性细菌引发的病害；采用 300 mg/L 的玫瑰链霉素，则能够对红银耳病产生良好的防治效果；同样，200 mg/L 的金霉素也能有效防治细菌性烂耳病。

2.生物杀虫剂

在食用菌虫害防治工作中,生物发酵制剂的应用已经得到了广泛的推广与实践。其中,细菌发酵制剂苏云金杆菌在防治螨类、菇蚊、菇蝇和线虫等害虫方面展现出了显著的效果。同时,植物制剂如鱼藤精、菊酯类以及烟草浸出液等,也在防治双翅目昆虫方面发挥了积极的作用,成效显著。

三、化学药物调控

食用菌生产上尽量避免使用化学药物进行防治。在鲜菇生长期,使用农药,特别是剧毒农药,会导致毒素残留,损害人体健康。此外,大部分杀菌剂也会抑制和杀死食用菌菌丝,导致减产和降低生产效益。因此,应尽可能采用其他防治方法,如生物防治、物理防治等,以保证食用菌的品质和生产效益。

(一)杀菌剂

在食用菌生产过程中,为有效防治病虫害,需采用科学、合理的化学药剂。在选择化学药剂时,应坚持高效低毒、无残留的原则,以确保食品安全与环境保护。推荐使用如下杀菌剂:石灰、甲醛、漂白粉、高锰酸钾、多菌灵等。

(二)杀虫剂

在食用菌生产过程中,对于杀虫剂的选择必须严谨而慎重。鉴于大部分杀虫剂对人体和动物健康存在不同程度的潜在风险,必须确保在虫害发生时,选择那些高效、低毒且残留期短的植物性杀虫剂。杀虫菊酯便是这类植物性杀虫剂中的常用品种。此外,石灰、硫黄、鱼藤精和溴氰菊酯等也是相对安全的杀虫药剂,可在必要时作为备选方案。

实训41 食用菌病虫害防治方法

一、实训目的

全面了解食用菌病虫害的种类、特征,学习各种防治方法,提高对食用菌病虫害防治技术的理解和操作能力。

二、实训设备及器件

主要种类食用菌病虫害种类图表、食用菌病虫害 PPT、食用菌虫害标本（浸渍、干制）、放大镜、显微镜。

三、实训地点

标本室、实验室及食用菌栽培室。

四、实训步骤及要求

1.病虫害种类和特征认识：通过观察图表和模型，认识不同病虫害的外部特征和生命周期。

2.监测与诊断：使用显微镜和 PCR 仪等仪器，学员监测病虫害的发展情况，诊断病害类型。

3.防治方法学习：①学习各种病虫害的防治方法，包括生物防治、化学防治和物理防治等。②通过模拟实际操作，使用喷雾器进行防治剂的喷洒。

4.综合应用案例分析：通过实际案例分析，了解不同防治方法在实际生产中的应用。

五、实训分析与总结

深入了解了食用菌病虫害的种类、特征和相应的防治方法，加强了对生物防治剂的了解，提高了病虫害防治的实际操作水平。

【评分标准】

考核内容要求	考核标准（合格等级）
1.确定原则、操作态度认真 2.给出的防治方法准确实用，防治效果好	A. 原则符合要求、操作认真，记录准确，能够准确给出食用菌病虫害防治有效的防治方法，防治率90%以上。 B. 原则较符合要求、操作较认真，记录较准确，基本能够准确给出食用菌病虫害防治有效的防治方法，防治率70%以上。 C. 原则符合一般要求、操作大致认真，记录一般准确，能够给出食用菌病虫害防治有效的防治方法，防治率50%以上。 D. 原则符合不要求、操作不认真，记录不准确，不能够给出食用菌病虫害防治有效的防治方法，防治率30%以上。